青少年人工智能与编程系列丛书

跟我学 Python 一级
教学辅导

潘晟旻　　　　主　编
方娇莉　罗一丹　副主编

清华大学出版社
北京

内 容 简 介

本书是"青少年人工智能与编程系列丛书"《跟我学 Python 一级》配套的教学辅导书。全书共 11 个单元，内容覆盖该标准 Python 编程一级全部 12 个知识点，并与《跟我学 Python 一级》（简称"主教材"）完美呼应，可促进基本编程能力的形成养成。为了帮助学习者深入了解教材的知识结构，更好地使用教材，同时帮助教师形成便于组织的教学方案，本书对教材各单元的知识定位、能力要求、建议教学时长、教学目标、知识结构、教学组织安排、教学实施参考、问题解答、习题答案等内容进行了系统介绍和说明。本书还提供了补充知识、拓展练习等思维拓展内容，任课教师可以根据学生的学业背景知识和年龄特点灵活选用。

本书可供报考全国青少年编程能力等级考试（PAAT）Python 一级科目的考生自学，也是教师组织教学的理想辅导教材。

本书封面贴有清华大学出版社防伪标签，无标签者不得销售。
版权所有，侵权必究。举报：010-62782989，beiqinquan@tup.tsinghua.edu.cn。

图书在版编目（CIP）数据

跟我学 Python 一级教学辅导 / 潘晟旻主编. —北京：清华大学出版社，2023.5
（青少年人工智能与编程系列丛书）
ISBN 978-7-302-63426-3

Ⅰ.①跟… Ⅱ.①潘… Ⅲ.①软件工具－程序设计 Ⅳ.① TP311.561

中国国家版本馆 CIP 数据核字（2023）第 078366 号

责任编辑：谢 琛
封面设计：刘 键
责任校对：李建庄
责任印制：宋 林

出版发行：清华大学出版社
网　　址：http://www.tup.com.cn, http://www.wqbook.com
地　　址：北京清华大学学研大厦 A 座　　邮　编：100084
社 总 机：010-83470000　　邮　购：010-62786544
投稿与读者服务：010-62776969, c-service@tup.tsinghua.edu.cn
质量反馈：010-62772015, zhiliang@tup.tsinghua.edu.cn
印 装 者：三河市龙大印装有限公司
经　　销：全国新华书店
开　　本：185mm×260mm　　印　张：9.5　　字　数：176 千字
版　　次：2023 年 5 月第 1 版　　印　次：2023 年 5 月第 1 次印刷
定　　价：59.00 元

产品编号：094744-01

序

Preface

  为了规范青少年编程教育培训的课程、内容规范及考试，全国高等学校计算机教育研究会于 2019—2022 年陆续推出了一套《青少年编程能力等级》团体标准，包括以下 5 个标准：

- 《青少年编程能力等级　第 1 部分：图形化编程》（T/CERACU/AFCEC/SIA/CNYPA 100.1—2019）
- 《青少年编程能力等级　第 2 部分：Python 编程》（T/CERACU/AFCEC/SIA/CNYPA 100.2—2019）
- 《青少年编程能力等级　第 3 部分：机器人编程》（T/CERACU/AFCEC 100.3—2020）
- 《青少年编程能力等级　第 4 部分：C++ 编程》（T/CERACU/AFCEC 100.4—2020）
- 《青少年编程能力等级　第 5 部分：人工智能编程》（T/CERACU/AFCEC 100.5—2022）

  本套丛书围绕这套标准，由全国高等学校计算机教育研究会组织相关高校计算机专业教师、经验丰富的青少年信息科技教师共同编写，旨在为广大学生、教师、家长提供一套科学严谨、内容完整、讲解详尽、通俗易懂的青少年编程培训教材，并包含教师参考书及教师培训教材。

  这套丛书的编写特点是学生好学、老师好教、循序渐进、循循善诱，并且符合青少年的学习规律，有助于提高学生的学习兴趣，进而提高教学效率。

  学习，是从人一出生就开始的，并不是从上学时才开始的；学习，是无处不在的，并不是坐在课堂、书桌前的事情；学习，是人与生俱来的本能，也是人类社会得以延续和发展的基础。那么，学习是快乐的还是枯燥的？青少年学习编程是为了什么？这些问题其实也没有固定的答案，一个人的角色不同，便会从不同角度去认识。

  从小的方面讲，"青少年人工智能与编程系列丛书"就是要给孩子们一套易学易懂的教材，使他们在合适的年龄选择喜欢的内容，用最有效的方式，愉快地学点有用的知识，通过学习编程启发青少年的计算思维，培养提出问题、分析问题和解决问题的能力；从大的方面讲，就是为国家培养未来人工智能领域的人才进行启蒙。

  学编程对应试有用吗？对升学有用吗？对未来的职业前景有用吗？这是很

多家长关心的问题，也是很多培训机构试图回答的问题。其实，抛开功利，换一个角度来看，一个喜欢学习、喜欢思考、喜欢探究的孩子，他的考试成绩是不会差的，一个从小善于发现问题、分析问题、解决问题的孩子，未来必将是一个有用的人才。

安排青少年的学习内容、学习计划的时候，的确要考虑"有什么用"的问题，也就是要考虑学习目标。如果能引导孩子对为他设计的学习内容爱不释手，那么教学效果一定会好。

青少年学一点计算机程序设计，俗称"编程"，目的并不是要他能写出多么有用的程序，或者很生硬地灌输给他一些技术、思维方式，要他被动接受，而是要充分顺应孩子的好奇心、求知欲、探索欲，让他不断发现"是什么""为什么"，得到"原来如此"的豁然开朗的效果，进而尝试将自己想做的事情和做事情的逻辑写出来，交给计算机去实现并看到结果，获得"还可以这样啊"的欣喜，获得"我能做到"的信心和成就感。在这个过程中，自然而然地，他会愿意主动地学习技术，接受计算思维，体验发现问题、分析问题、解决问题的乐趣，从而提升自身的能力。

我认为在青少年阶段，尤其是对年龄比较小的孩子来说，不能过早地让他们感到学习是压力，是任务，而要学会轻松应对学习，满怀信心地面对需要解决的问题。这样，成年后面对同样的困难和问题，他们的信心会更强，抗压能力也会更强。

针对青少年的编程教育，如果教学方法不对，容易走向两种误区：第一种，想做到寓教于乐，但是只图了个"乐"，学生跟着培训班"玩儿"编程，最后只是玩儿，没学会多少知识，更别提能力了，白白占用了很多时间，这多是因为教材没有设计好，老师的专业水平也不够，只是哄孩子玩儿；第二种，选的教材还不错，但老师只是严肃认真地照本宣科，按照教材和教参去"执行"教学，学生很容易厌学、抵触。

本套丛书是一套能让学生爱上编程的书。丛书体现的"寓教于乐"，不是浅层次的"玩乐"，而是一步一步地激发学生的求知欲，引导学生深入计算机程序的世界，享受在其中遨游的乐趣，是更深层次的"乐"。在学生可能有疑问的每个知识点，引导他去探究；在学生无从下手不知如何解决问题的时候，循循善诱，引导他学会层层分解、化繁为简，自己探索解决问题的思维方法，并自然而然地学会相应的语法和技术。总之，这不是一套"灌"知识的书，也不是一套强化能力"训练"的书，而是能巧妙地给学生引导和启发，帮助他主动探索、解决问题，获得成就感，同时学会知识、提高能力。

　　丛书以《青少年编程能力等级》团体标准为依据，设定分级目标，逐级递进，学生逐级通关，每一级递进都不会觉得太难，又能不断获得阶段性成就，使学生越学越爱学，从被引导到主动探究，最终爱上编程。

　　优质教材是优质课程的基础，围绕教材的支持与服务将助力优质课程。初学者靠自己看书自学计算机程序设计是不容易的，所以这套教材是需要有老师教的。教学效果如何，老师至关重要。为老师、学校和教育机构提供良好的服务也是本套丛书的特点。丛书不仅包括主教材，还包括教师参考书、教师培训教材，能够帮助新的任课教师、新开课的学校和教育机构更快更好地建设优质课程。专业相关、有时间的家长，也可以借助教师培训教材、教师参考书学习和备课，然后伴随孩子一起学习，见证孩子的成长，分享孩子的成就。

　　成长中的孩子都是喜欢玩儿游戏的，很多家长觉得难以控制孩子玩计算机游戏。其实比起玩儿游戏，孩子更想知道游戏背后的事情，学习编程，让孩子体会到为什么计算机里能有游戏，并且可以自己设计简单的游戏，这样就揭去了游戏的神秘面纱，而不至于沉迷于游戏。

　　希望这套承载着众多专家和教师心血、汇集了众多教育培训经验、依据全国高等学校计算机教育研究会团体标准编写的丛书，能够成为广大青少年学习人工智能知识、编程技术和计算思维的伴侣和助手。

清华大学计算机科学与技术系教授　郑　莉
2022 年 8 月于清华园

前 言

Foreword

国家大力推动青少年人工智能和编程教育的普及与发展，为中国科技自主创新培养扎实的后备力量。Python 语言作为贯彻《新一代人工智能发展规划》和《中国教育现代化 2035》的主流编程语言，在青少年编程领域逐渐得到了广泛的推广及普及。

当前，作为一项方兴未艾的事业——青少年编程教育在实施中受到因地区差异、师资力量专业化程度不够、社会培训机构庞杂等诸多因素引发的无序发展状态，出现了教学质量良莠不齐、教学目标不明确、教学质量无法科学评价等诸多"痛点"问题。

本套丛书以团体标准《青少年编程能力等级第 2 部分：Python 编程》（T/CERACU/AFCEC/SIA/CNYPA100.2—2019，以下简称"标准"）为依据，内容覆盖了 Python 编程 4 个级别全部 48 个知识单元。本书对应其中的 Python 编程一级知识点，作为教学辅导用书，与《跟我学 Python 一级》相配合，形成了便于老师组织教学、家长辅导孩子学习 Python 的方案。书中涉及的拓展知识，可以根据学生的学业背景知识和年龄特点灵活选用。本书中的题目均指的是主教材的题目。

本书融合了中华民族传统文化、社会主义核心价值观、红色基因传承等思政元素，注重以"知识、能力、素养"为目标，实现"育德"与"育人"的协同。本书内容与符合标准认证的全国青少年编程能力等级考试——PAAT 深度融合，教材所述知识点、练习题与考试大纲、命题范围、难度及命题形式完全吻合，是 PAAT 考试培训的理想教材。

使用规范、科学的教材，推动青少年 Python 编程教育的规范化，以编程能力培养为核心目标，培养青少年的计算思维和逻辑思维能力，塑造面向未来的青少年核心素养，是本教材编撰的初心和使命。

本书由潘晟旻组织编写并统稿。全书共分 11 个单元，其中第 1、2、3 单元由方娇莉编写，第 4、5、6、8 单元由郝熙编写；第 7 单元由马晓静编写，第 9、10、11 单元由罗一丹编写。

本书的编写得到了全国高等学校计算机研究会的立项支持（课题编号：CERACU2021P03）。畅学教育科技有限公司为本书提供了插图设计和平台测试等方面的支持。全国高等学校计算机教育研究会—清华大学出版社联合教材工作室对本书的编写给予了大力协助。"PAAT 全国青少年编程能力等级考试"

考试委员会对本书给予了全面的指导。郑骏、姚琳、石健、佟刚、李莹等专家、学者对本书给予了审阅和指导。在此对上述机构、专家、学者和同仁一并表示感谢！

  祝老师们利用本教材能够顺利开展青少年 Python 编程的教学，孩子们学习本教材能够提高计算思维能力，愉快地开启 Python 编程之旅，学会用程序与世界沟通，用智慧创造未来。

作 者
2023 年 2 月

目录

Contents

第 1 单元　进入 Python 乐园……………………………………001

第 2 单元　Python 程序的小秘密…………………………………017

第 3 单元　奇妙的数字………………………………………………026

第 4 单元　字符的队伍——字符串…………………………………038

第 5 单元　混合的队伍——列表……………………………………051

第 6 单元　变身小魔术——类型转换………………………………063

第 7 单元　会画图的小海龟…………………………………………071

第 8 单元　向左转向右转——分支结构……………………………083

第 9 单元　周而复始的力量——循环结构…………………………095

第 10 单元　纠错小能手——异常处理………………………………112

第 11 单元　Python 工具箱——标准函数入门 ……………… 121

附录 A　青少年编程能力等级标准第 2 部分：
　　　　Python 编程一级节选 ……………… 133

附录 B　标准范围内的 Python 标准函数列表 ……………… 139

1.1 知识点定位

青少年编程能力 Python 一级中的核心知识点 1：以 IPO 为主的程序编写方法。

1.2 能力要求

掌握"输入、处理、输出"程序的编写方法，能够辨识各环节并具备理解程序的基本能力。

1.3 建议教学时长

本单元建议 2 课时。

1.4 教学目标

1. 知识目标

本单元以认识 Python 为主，通过联系生活案例，让学生知道什么是计算机语言；了解 Python 的特点和主要应用，明白学习 Python 的意义；掌握 IPO 编程方法，培养计算思维能力，为学会编程、指导计算机工作构筑理论基础。

2. 能力目标

通过对 Python IDE 的安装和使用练习搭建 Python 编程环境，学会用不同 IDE 进行 Python 代码的编辑、改错和运行，培养动手实践能力。

3. 素养目标

引入画图、古诗词等内容，让学生对 Python 的应用留下深刻印象，激发学生学习 Python 的内驱力；掌握 Python 基本操作，同时增强民族自豪感和文化自信。

1.5 知识结构

本单元的知识结构如图 1-1 所示。

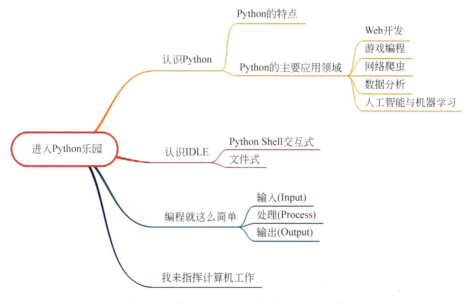

图 1-1　进入 Python 乐园的知识结构

1.6 补充知识

1. 什么是 TIOBE

TIOBE 是开发语言排行榜，如图 1-2 所示。每月根据互联网上有经验的程序员、课程和第三方厂商的数量更新一次，并使用搜索引擎以及 Wikipedia、Amazon、YouTube 和百度统计出排名数据。

图 1-2　TIOBE 2023 年 3 月排行榜

该指数可以用来检查开发者的编程技能能否跟上趋势，或是否有必要做出战略改变，以及什么编程语言是应该及时掌握的。观察认为，该指数反映的虽并非当前最流行或应用最广的语言，但对世界范围内开发语言的走势仍具有重要参考意义。

2. 计算机语言

计算机语言是人类和计算机进行"交流"的语言。自计算机诞生以来，人们已先后发明了多种计算机语言，根据这些语言的编程特点，可将其分为机器语言、汇编语言和高级语言三种。

（1）机器语言：机器语言是用二进制代码表示的，计算机能直接识别和执行的一种机器指令的集合，如图1-3所示。一条指令就是机器语言的一个语句，它是一组有意义的二进制代码，由操作码和地址码组成。其中，操作码指明了指令的操作性质及功能，地址码则给出了操作数或操作数的地址。用机器语言编写的程序具有计算机能够直接识别并执行的优点，但本身所固有的程序难以理解，与具体硬件设备相关且极易出错等缺点使得这种编程方式较难掌握，而且编写的程序通常不具备任何移植性。

```
00100100 01000000
00000010 00000101
00110000 01000000
```

图1-3　机器语言

（2）汇编语言：汇编语言是任何一种用于电子计算机、微处理器、微控制器或其他可编程器件的低级语言，也称为符号语言。在汇编语言中，用助记符代替机器指令的操作码，用地址符号或标号代替指令或操作数的地址，如图1-4所示。

```
LOAD A
ADD 5
STORE A
```

图1-4　汇编语言

比起机器语言，汇编语言具有更高的机器相关性，更加便于记忆和书写，但又同时保留了机器语言高速度和高效率的特点。但由于计算机并不能直接识别程序中所用的助记符，因此用汇编语言编写的程序必须通过一个被称为"汇编程序"的中间转换工具进行处理，才能得到计算机能够执行的机器语言程序，这个过程通常称为"汇编"。实际上，汇编语言所采用的助记符本质上是对特定CPU内部指令的一种简略记法，因此和机器语言一样，汇编语言也是和硬件平台相关的。通常，人们将与设备相关的机器语言和汇编语言统称为低级语言。

（3）高级语言：人们一直渴望能以接近人类自然语言的方式来编写程序，高级语言正是在这样的背景下产生的。所谓高级语言，是相对机器语言和汇编语言而言的，这种编程方式采用类似人的自然语言（主要指英语）的方式进行程序设计，不用考虑 CPU 内部执行程序指令的具体步骤，因而显著降低了编程难度，如图 1-5 所示。比较流行的高级语言有 Python、C、Java、C++、C#、PHP 等。

A=A+5

图 1-5　高级语言

　　用高级语言编制的程序具有简洁直观、可读性好、编程效率高、移植性强等优点，但和汇编语言一样，计算机并不能直接识别高级语言编写的程序，必须通过中间转换工具处理后才能转换成计算机可识别的二进制代码，即机器指令。

　　对于高级语言编制的程序（通常称为源程序），常采用"解释"和"编译"两种方式将其转换为机器语言程序。"解释"是指将源语言直接作为源程序输入，解释执行，解释一句就提交计算机执行一句，并不形成目标程序，类似同声传译（如图 1-6 所示的冬奥会闭幕式直播模式）。"编译"是指由编译程序将目标代码一次性编译成目标程序，再由机器运行目标程序，类似笔译（如图 1-7 所示的荣获雨果奖的《三体》小说，被翻译为 10 多种语言译本出版发行）。

图 1-6　电视同声传译直播

 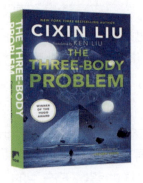

图 1-7　小说《三体》被翻译成多种语言出版发行

3. Python 名字的由来

1989 年，Python 程序语言的创始人 Guido van Rossum(吉多 · 范罗苏姆)为了打发圣诞假期，决心为非计算机专业的程序设计人员开发一款新的脚本语言。由于他是电视喜剧《蒙提 · 派森的飞行马戏团》(*Monty Python's Flying Circus*)(如图 1-8 所示)的爱好者，所以当这款新的脚本语言设计好后，他就以 Python 来命名这款新开发的语言。

图 1-8　*Monty Python's Flying Circus*

4. Python 的特点

Python 作为一种比较优秀的编程语言，其优点主要有以下几点：

（1）简洁。Python 代码的行数往往只有 C、C++、Java 代码数量的 1/5~1/3(如图 1-9 所示)。

```
>>>print("Hello World")
```

```
#include "stdio.h"
int main(void)
{
    printf("Hello World\n");
    return 0;
}
```

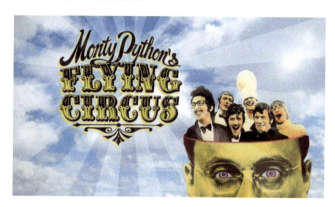

图 1-9　Python 代码与 C 代码对比

（2）语法优美。Python 语言是高级语言，它的代码接近人类语言，只要掌握由英语单词表示的助记符，就能大致读懂 Python 代码。

（3）简单易学。Python 是一门简单易学的编程语言，它使编程人员更注重解决问题，而非语言本身的语法和结构。

（4）开源。Python 是 FLOSS（自由 / 开放源码软件）之一，用户可以自由地下载、复制、阅读、修改代码。

（5）可移植。Python 语言编写的程序可以不加修改地在任何平台中运行。

（6）扩展性良好。Python 不仅可以引入 .py 文件，还可以通过接口和库函数调用由其他高级语言（如 C、C++、Java 等）编写的代码。

（7）类库丰富。世界各地的程序员通过开源社区又贡献了十几万个几乎覆盖各个应用领域的第三方函数库，如图 1-10 所示。

图 1-10　Python 丰富的类库

（8）通用灵活。Python 是一门通用编程语言，可用于科学计算、数据处理、游戏开发、人工智能、机器学习等各个领域。

（9）模式多样。Python 既支持面向对象编程，又支持面向过程编程。

（10）良好的中文支持。Python 3.x 解释器采用 UTF-8 编码表达所有字符信息，编码支持英文、中文、韩文、法文等各类语言。

Python 因自身的诸多优点得到广泛应用，但 Python 的缺点也不可忽视。Python 主要的缺点是执行效率不够高，Python 程序的执行效率只有 C 语言程序的 1/10。

 Python 的应用领域

Python 主要应用于 Web 开发、大数据处理、人工智能、自动化运维开发、云计算、爬虫、游戏开发等领域，如图 1-11 所示。目前，国产的信创、豆瓣、知乎、网易等知名网站都广泛使用 Python 作为开发工具，如图 1-12 所示。Python 也成为人工智能、大数据开发的标配语言，华为、网易、腾讯云、科大讯飞等公司的大量项目是用 Python 语言开发的，如图 1-13 所示。国内大量的智慧城市、大数据项目也以 Python 为主要开发语言。

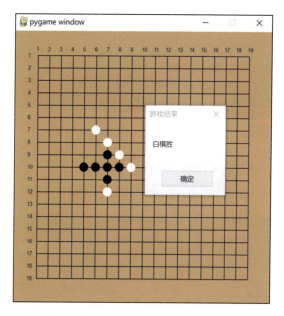

图 1-11　用 Python 开发的五子棋游戏

图 1-12　知乎界面

图 1-13　利用 Python 进行研发的科技企业

6. 搭建 Python 开发环境

所谓"工欲善其事，必先利其器"。在正式学习 Python 开发之前，需要先搭建开发环境。这里先介绍在 Windows 操作系统中 Python 解释器的安装方法。

1）下载 Python 安装包

进入 Python 官方网站（https://www.python.org），选择 Downloads 选项，在下拉菜单里根据用户的操作系统进行选择，此处单击 Windows，如图 1-14 所示。

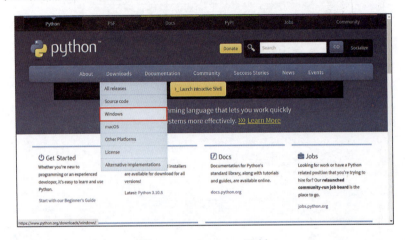

图 1-14　Python 网站

进入 Python 不同版本的详细下载列表，如图 1-15 所示，根据操作系统的版本选择下载。另外，标记为 embeddable package 的，表示可以集成到其他应用中；标记为 installer 的，表示可以通过可执行文件（*.exe）方式离线安装。

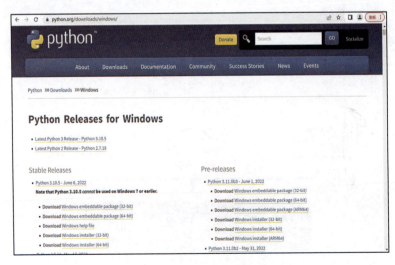

图 1-15　Python 的安装版本

2）安装 Python 软件

双击已经下载好的软件，将显示安装向导对话框，如图 1-16 所示。选中 Add Python 3.10 to PATH 复选框，表示将 Python 软件的运行路径添加到 Windows 的环境变量里，这样就可以在"命令提示符"下运行 Python 命令。单击 Customize installation 按钮，进行自定义安装（自定义安装可以修改安装路径）。

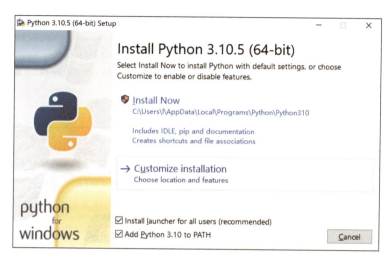

图 1-16　Python 安装向导

在弹出的安装选项对话框中采用默认设置，单击 Next 按钮，打开高级选项对话框，在该对话框中，设置安装路径为 D:\Python310（可自行设置路径），其他采用默认设置，如图 1-17 所示。单击 Install 按钮，开始安装 Python，安装完成后将显示 Setup was successful。

图 1-17　高级选项对话框

3）测试 Python 是否安装成功

Python 安装完成后，需要检测 Python 是否成功安装。例如，在 Windows 10 系统中检测 Python 是否成功安装，可以在开始菜单右侧的"在这里输入你要搜索的内容"文本框中输入 cmd 命令，启动命令行窗口，在当前命令提示符后面输入"python"，按下 <Enter> 键，如果出现如图 1-18 所示的信息，则说明 Python 安装成功，同时系统进入交互式 Python 解释器中。

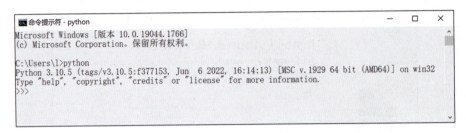

图 1-18　在命令行窗口中运行的 Python 解释器

如果在命令行窗口中输入 python，按下 <Enter> 键后，显示"'python'不是内部或外部命令，也不是可运行的程序或批处理文件"，这是因为在当前路径中找不到 python.exe 可执行程序，具体的解决方法是配置环境变量，方法如下。

右击"此电脑"图标，在弹出的快捷菜单里选择"属性"选项，在弹出的"属性"对话框里单击"高级系统设置"，进入"系统属性"对话框，然后单击"环境变量"进入"环境变量"对话框（如图 1-19 所示），选中"系统变量"栏中

图 1-19　"环境变量"对话框

的 Path 变量，再单击"编辑"按钮。

在弹出的"编辑系统变量"对话框中单击"新建"按钮，在光标所在位置输入 Python 的安装路径 D:\Python310\，然后单击"新建"按钮，并且在光标所在位置输入 D:\Python310\Scripts\（用户可根据自身安装软件的实际情况修改），如图 1-20 所示。单击"确定"按钮完成环境变量的设置。

图 1-20　设置 Path 环境变量值

7. 程序资源

为了激发孩子的学习兴趣，本单元配套了"大熊猫 .py""词云 .py""词频统计 .py""爬虫 .py""五子棋游戏 .py"等程序，供授课教师选择演示。

1.7　教学组织安排

教学环节	教学过程	建议课时
知识导入	运行"大熊猫 .py"等程序，激发学生的学习兴趣	

续表

教学环节	教学过程	建议课时
扩展知识	了解计算机语言	
认识 Python	介绍 Python 的诞生和发展过程，学会通过 TIOBE 检阅开发者的编程技能能否跟上趋势，了解 Python 的特点和应用领域	1 课时
认识 IDLE	通过动手操作掌握 IDLE 的 Shell 交互模式和文件模式的操作过程，可以扩展观看视频，尝试安装 Python	
IPO 简单编程法	介绍 IPO 编程方法，学会使用 input() 函数和 print() 函数	1 课时
指挥计算机工作	通过预测小帅成人时的身高趣味小游戏践行 IPO 方法	
单元总结	以提问式方法总结本次课程所学内容，布置课后作业	

1.8 教学实施参考

1. 游戏知识导入

通过运行"大熊猫.py"等程序引发学生的学习兴趣，增强民族自豪感。

2. 了解计算机语言

了解计算机编程语言的发展历史，知道什么是低级语言和高级语言。

3. 知识点一：认识 Python

介绍 Python 的诞生和发展过程，学会通过 TIOBE 检阅开发者的编程技能能否跟上趋势，了解 Python 的特点和应用领域，通过主教材"练一练"中问题 1-1 加深理解。

4. 知识点二：认识 IDLE

（1）指导学生在 Python Shell 交互模式下运行 Python 语句，感受 Python

的方便性。

（2）动手实践主教材例 1-1，掌握 IDLE 的文件操作方式。

（3）课堂互动：测试主教材"练一练"中的问题 1-2，牢记 Python 的命令提示符。

（4）观看视频"Python 开发环境 .mp4"，尝试动手完成 Python IDLE 开发工具和 PyCharm 开发工具的安装和使用。

5. 知识点三：IPO 简单编程法

（1）掌握 IPO 方法的内涵，尝试给出一个计算问题的输入、处理和输出的描述。

（2）尝试使用 input( )、print( ) 实现简单数据的输入、输出操作。

（3）课堂互动：测试主教材"练一练"中的问题 1-3，掌握 IPO 方法中 P 的内涵。

6. 知识点四：指挥计算机工作

（1）动手实践主教材例 1-2 趣味游戏编程，预测小帅成人时的身高。

（2）举一反三，编程预测小萌成人时的身高。

7. 单元总结

小结本次课的内容，提问习题中的部分题目，检测学习效果，布置课后作业。

1.9 拓展练习

（1）在 IDLE 中输出如图 1-21 所示的"人生苦短，我用 Python"。

（2）在命令行窗口中输出如图 1-22 所示的玫瑰花。

图 1-21　IDLE 中的输出效果　　　　图 1-22　字符玫瑰花

（3）以文件方式编辑输出如图 1-23 所示的《游子吟》。

游子吟
孟郊
慈母手中线，
游子身上衣。
临行密密缝，
意恐迟迟归。
谁言寸草心，
报得三春晖。

图 1-23 《游子吟》输出效果

1.10 问题解答

【问题 1-1】选 D。因为 Python 是解释型的语言，天生具有跨平台的特征，所以不依赖平台。

【问题 1-2】选 A。>>> 是 Python 的默认命令提示符。

【问题 1-3】选 B。IPO 指的是：Input、Process、Output。

1.11 第 1 单元习题答案

1. B 2. B 3. A 4. A 5. B 6. C 7. A 8. C 9. B

本单元资源下载：

2.1 知识点定位

青少年编程能力 Python 一级中的核心知识点 2：Python 基本语法元素。

2.2 能力要求

掌握并熟练使用基本语法元素，编写简单程序，具备利用基本语法元素进行问题表达的能力。

2.3 建议教学时长

本单元建议 3 课时。

2.4 教学目标

1. 知识目标

本单元以 Python 语法要素学习为主，通过联系生活案例，让学生理解标识符命名及关键字、变量的基本特性，Python 语言的注释方法及 Python 的缩进规则等基本语法，为后续循序渐进的学习打好基本的语法规则基础。

2. 能力目标

通过学习 Python 语法规范了解计算机编程的相关概念，锻炼学习者从计算机的角度去思考问题，培养计算思维能力。

3. 素养目标

通过引入中国传统文化及历史典故加深学生对 Python 语法规则的理解，同时增强文化自信，促进学生养成遵守规则的良好习惯。

2.5 知识结构

本单元的知识结构如图 2-1 所示。

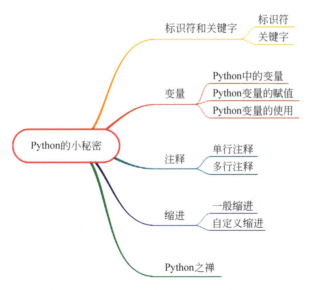

图 2-1　Python 程序的小秘密的知识结构

2.6 补充知识

1. 什么是 bug

bug 的原意是"臭虫",现可用来指代计算机上存在的漏洞。如果系统安全策略上存在缺陷,就有攻击者能够在未授权的情况下访问的危害。广义上说,bug 可用作形容各领域范围内出现的漏洞或缺陷。

葛丽丝·霍波(Grace Hopper)是一位计算机科学家,也是世界上最早的一批程序设计师之一。有一天,她在调试设备时出现故障,于是拆开继电器,发现有只飞蛾被夹在触点中间,"卡"住了机器的运行(如图 2-2 所示)。于是,霍波诙谐地把程序故障统称为 bug(飞虫),把排除程序故障叫 debug,而这奇怪的"称呼",竟成为后来计算机领域的专业行话。

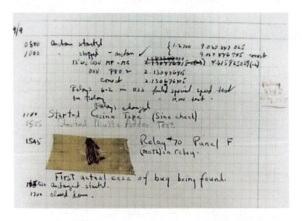

图 2-2　第一只 bug:贴着飞蛾的霍波报告

2. PEP8

PEP 是 Python Enhancement Proposal 的缩写,通常翻译为"Python 增强提案"。每个 PEP 都是一份为 Python 社区提供的、指导 Python 往更好方向发展的技术文档,其中的第 8 号增强提案(PEP8)是针对 Python 语言编写的代码风格指南。尽管可以在保证语法没有问题的前提下随意书写 Python 代码,但是在实际开发中，采用一致的风格书写出可读性强的代码是每个专业的程序员应该做到的事情，也是编程规范中会提出的要求，这些在多人协作开发一个项目（团队开发）的时候尤为重要。

2.7 教学组织安排

教学环节	教学过程	建议时长
知识导入	讨论代码对比的阅读体会，了解代码规范的重要性	1 课时
知识拓展	播放视频"bug 的由来 .mp4"，科普计算机编程相关概念，引起学生的学习兴趣； 浏览文档，简要了解 PEP8 规范的概况	1 课时
标识符和保留字学习	通过提问、讨论、测试、动手操作等互动及实践掌握标识符和保留字的使用规范	
变量使用	通过教具深入理解变量的概念，用具体的代码掌握变量的特性及简单运用	1 课时
注释和缩进应用	采用代码演示操作熟练掌握注释和缩进的准确使用方法	1 课时
小技巧：续行符	了解编码中长代码的解决方法	
Python 之禅	总结 Python 的良好编程风格养成	
单元总结	以提问式总结本次课所学内容，布置课后作业	

2.8 教学实施参考

1. 讨论式知识导入

展示如图 2-3 所示的两段功能相同的程序代码，请同学们谈谈自己的感受，引导学生树立规范书写程序代码的意识。

图 2-3 注释效果对比

播放视频资料：bug 的由来 .mp4

科普计算机编程的一些概念和知识，例如：计算机漏洞、bug、debug 等的含义，提高学生的学习兴趣。

简要概述 PEP8 规范的主要内容

打开"Python PEP8 编码规范中文版 .pdf"文档，简单浏览介绍 PEP8 主要规定的分号、行长度、括号、缩进、空行、空格、注释、类、字符串、导入格式、语句、访问控制、命名等的使用规范。

知识点一：标识符和保留字

（1）通过点名的方式使学生理解标识符的含义。

（2）给出 Python 标识符的命名规则。

（3）问答式完成主教材"想一想"中的问题 2-1、问题 2-2，说出合法和不合法标识符的理由。

（4）测试方式完成主教材"练一练"中的问题 2-3，掌握学生的标识符命名掌握的情况。

（5）介绍保留字（关键字）的概念。

（6）以名字避讳为例，使学生建立标识符不能与保留字同名的意识。

（7）带领学生一起动手使用 keyword 模块，查看本机电脑所安装的

Python 版本对应的所有关键字，提醒注意保留字的大小写形式，不能随意更改。

（8）带领学生实际操作一个正确使用标识符和错误使用保留字为标识符的示例，掌握标识符的正确使用方法。

5. 知识点二：变量

（1）通过两个变量的定义及分析内存地址，了解 Python 中变量的实质。

（2）掌握 Python 中变量的常规赋值、同时对多个变量赋值、链式赋值方法，特别注意交叉赋值实现变量互换的特殊用法。

（3）通过命令操作演示并讲解变量的使用方法。

（4）课堂互动：测试方式完成主教材"练一练"中的问题 2-4，检查学生正确命名变量的学习效果。

6. 知识点三：注释

（1）展示两段代码，让学生讨论比较有注释和无注释的差异。

（2）给出注释的定义和功能。

（3）给出单行注释的语法规范，掌握单行注释单独一行和在代码右侧的方法，运行程序观察效果，体会注释的意义。

（4）给出多行注释的语法规范，观察三个连续单引号或双引号注释多行的形式，体会注释的意义。

（5）通过所给代码，记住"Python 多行注释不支持嵌套"的规定。

（6）记住"注释符作为字符串的一部分时，不再视作注释标记"的规定，运行代码，感受效果。

（7）课堂互动：问答式完成主教材"想一想"中的问题 2-5，选择不能作为注释的选项，巩固注释的正确使用。

7. 知识点三：缩进

（1）给出一个简单的选择控制结构程序，如主教材例 2-1，指导学生以手动输入 4 个空格和按 Tab 键方式进行程序输入，观察程序缩进在代码设计中的控制作用。该程序的功能是：用户从键盘上输入自己的姓名，如果输入的是"python"，程序的 if 条件得以满足，执行受其控制的语句，输出"welcome yyds!"；否则就执行 else 部分的语句，输出"hello,dear"+ 姓名。两个 print 函数处于同一控制级别，缩进应该相同。

（2）将其中一部分的控制代码的缩进修改为 0 个空格，运行程序，观察出错信息。

（3）在 IDLE 开发环境下，将 Options → Config IDLE 的 Indent spaces 的数值由"4"修改为"2"，重新输入该控制程序代码，会发现按一次 Tab 键，代码会缩进 2 个空格，程序也是正常的。以此记住缩进是可以统一修改的这一特性。

8. 扩展知识：续行符

Python 对每行代码的长度是没有限制的，但是单行代码太长不利于阅读，因此可以使用续行符将单行代码分割为多行。Python 的续行符用反斜杠（\）符号表示。

运行以下程序代码并查看显示效果：

```
print("我是一名程序员,"\
      "我刚开始 "\
          "学Python")
```

9. Python 之禅

简要概括 Python 之禅的精髓，培养良好的编程风格。

10. 单元总结

小结本次课的内容，布置课后作业。

2.9 拓展练习

（1）从键盘上给变量 a 和 b 输入两个数值，将其值交换后输出。程序运行示例如下：

请输入变量 a 的值 ->1949
请输入变量 b 的值 ->2022
交换后的变量 a、b 值为： 2022 1949

（2）从键盘上输入两个字符串，将其连接后输出。程序运行示例如下：

请输入第一个串：只争朝夕，
请输入第二个串：不负韶华
两个串连接在一起形成的串是： 只争朝夕，不负韶华

2.10 问题解答

【问题 2-1】 都符合标识符的命名规则。

【问题 2-2】 "5G"以数字开头，"$money#"出现了不该出现的符号 $ 和 #，"中国 昆明"出现了空格。

【问题 2-3】 错误的是 C。

【问题 2-4】 可以作为用户使用的变量名的是 A，其余三个选项都出现了不该出现的符号。

【问题 2-5】 不能作为注释的是 A。

2.11 第 2 单元习题答案

1. B　2. C　3. D　4. A　5. D　6. B　7. B　8. B　9. D
本单元资源下载：

第 3 单元　奇妙的数字

3.1　知识点定位

青少年编程能力等级 Python 一级中的核心知识点 3：数字类型。

3.2　能力要求

掌握并熟练编写带有数字类型的程序，具备解决数字运算基本问题的能力。

3.3　建议教学时长

本单元建议 3 课时。

3.4　教学目标

1. 知识目标

　　本单元以 Python 的数字类型学习为主，通过联系生活案例，让学生掌握整数、浮点数、真值和假值、空值的基本形式，学会正确书写 Python 语言表达式，运用算术运算符和算术复合赋值运算符进行算术运算，学会进行较复杂的科学计算，培养科学的计算思维能力。

2. 能力目标

通过对不同进制整数形式的学习了解计算机为什么要使用二进制以及信息的表示方法；能够用计算机解决基础的数值计算问题；学会像计算机一样思考问题，了解计算机解决问题的方法。

3. 素养目标

通过王亚平"天宫课堂"、1919"五四"爱国运动、1949 新中国成立、圆周率 3.1415926 等与科学计算有关的事件和一些特殊的数字加强爱国主义教育，弘扬爱国主义精神。

3.5 知识结构

本单元的知识结构如图 3-1 所示。

图 3-1 奇妙的数字的知识结构

3.6 补充知识

1. 计算机为什么要使用二进制

（1）技术实现简单。计算机由逻辑电路组成，逻辑电路通常只有两个状态，开关的接通与断开，这两种状态正好可以用1和0表示。

（2）简化运算规则。两个二进制数的和、积运算组合各有三种，运算规则简单，有利于简化计算机内部结构，提高运算速度。

（3）适合逻辑运算。逻辑代数是逻辑运算的理论依据，二进制只有两个数码，正好与逻辑代数中的"真"和"假"相吻合。

（4）易于进行转换。二进制数与十进制数易于互相转换。

（5）用二进制表示数据具有抗干扰能力强、可靠性高等优点。因为每位数据只有高、低两个状态，当受到一定程度的干扰时，仍能可靠地分辨出它是高还是低。

2. 计算机中信息的表示方法

计算机要处理的信息是多种多样的，如日常用的十进制数、文字、符号、图形、图像和语言等。但是计算机无法直接"理解"这些信息，所以计算机需要采用数字化编码的形式对信息进行存储、加工和传送。

信息的数字化表示就是采用一定的基本符号，使用一定的组合规则来表示信息。计算机中采用的二进制编码，其基本符号是0和1。

主要有数值表示和非数值表示：

（1）数值数据：采用二进制补码方式。

（2）非数值数据：

① 字符数据。在计算机处理信息的过程中，要处理数值数据和字符数据，因此需要将数字、运算符、字母、标点符号等字符用二进制编码来表示、存储和处理。目前通用的是美国国家标准学会规定的ASCII码（美国标准信息交换代码）。每个字符用7位二进制数来表示，共有128种状态，这128种状态表

示了 128 种字符，包括大小写字母、0~9、其他符号、控制符，ASCII 码表如图 3-2 所示。

图 3-2 ASCII 码表

② 汉字。采用汉字交换码表示。汉字交换码是指不同的具有汉字处理功能的计算机系统之间在交换汉字信息时所使用的代码标准。

自国家标准 GB 2312—1980 公布以来，我国一直沿用该标准所规定的国标码作为统一的汉字信息交换码。GB 2312—1980 标准包括 6763 个汉字，按其使用频度分为一级汉字 3755 个和二级汉字 3008 个。一级汉字按拼音排序，二级汉字按部首排序。此外，该标准还包括标点、数种西文字母、图形、数码等 682 个符号。

区位码的区码和位码均采用从 01 到 94 的十进制数表示，国标码采用十六进制的 21H 到 73H（数字后加 H 表示其为十六进制数）表示。区位码和国标码的换算关系是：区码和位码分别加上十进制数 32。例如，"学"字在表中的 49 行 07 列，其区位码为 4907，国标码是 5127H，如图 3-3 所示。

③ 图像信息数字化。一幅图像可以看作是由一个个像素点构成的，图像的信息化，就是对每个像素用若干个二进制数码进行编码，如图 3-4 所

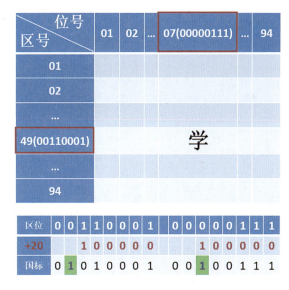

图 3-3 "学"的区位码和国标码

示。图像信息数字化后，往往还要进行压缩。图像文件的后缀名有 bmp、gif、jpg 等。

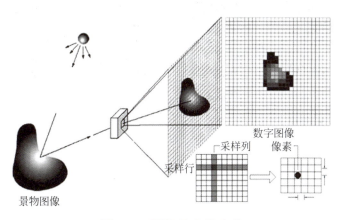

图 3-4 图像信息数字化

④ 声音信息的数字化。自然界的声音是一种连续变化的模拟信息，可以采用 A/D 转换器对声音信息进行数字化，如图 3-5 所示。声音文件的后缀名有 wav、mp3 等。

⑤ 视频信息的数字化。视频信息可以看成是由连续变换的多幅图像构成的，播放视频信息，每秒需传输和处理 25 幅以上的图像，如图 3-6 所示。视频信息数字化后的存储量相当大，所以需要进行压缩处理。视频文件的后缀名有 avi、mpg 等。

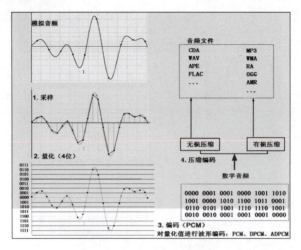

图 3-5　声音信息数字化

图 3-6　视频信息数字化

3.7　教学组织安排

教学环节	教学过程	建议时长
知识导入	通过播放"天宫课堂"视频，从计算机在航天技术等方面的科学计算应用，引出科学计算的基础——数字	1课时
认识整数	介绍整数的十进制、二进制、八进制、十六进制形式，学会使用内置函数进行整数的各种进制之间的转换	
知识拓展	计算机为什么要用二进制？手动实现进制之间的转换	

第3单元 奇妙的数字

续表

教学环节	教学过程	建议时长
认识浮点数	通过圆周率认识浮点数，了解浮点数的基本形式，掌握科学记数法的表示方式	1课时
认识真假值	播放"是真的吗"视频，引出真假值，认识Python中bool类型的True和False，掌握程序世界里的真值和假值	
了解空值	了解None，为后面编程打下基础	1课时
认识表达式	了解表达式的基本构成，学会表达式的正确书写形式	
掌握算术运算符	认识Python基本的算术运算符，掌握其运算规则	
掌握算术复合赋值运算符	熟练掌握算术复合赋值运算符的使用规则	1课时
牛刀小试	通过"天天向上的力量"编程训练感受数字运算的魅力	
单元总结	以测试、提问等方式总结本次课所学内容，布置课后作业	

3.8 教学实施参考

1. 知识导入

引导学生回顾2021年全球航天事件，观看我国航天员天宫授课视频资料"天宫课堂.mp4"。通过计算机在航天科技、天气预报等方面的科学计算引出计算的基础——数字。

2. 知识点一：认识整数

（1）从生活中的年龄值等整数实例介绍程序中十进制整数的表示形式，在Shell下熟悉十进制整数的一般形式，特别强调非0十进制整数不能以0开头。

（2）介绍二进制、八进制、十六进制整数的概念及其表示形式。

（3）课堂练习：介绍主教材"表3-2"中的进制转换内置函数，动手实践"想一想"问题3-1，通过将"五四"爱国运动发生的1919年这个十进制整数

快速转换成其他进制数的操作，掌握进制转换内置函数的使用方法，激发学生的爱国热情。

（4）课堂互动：讨论主教材"想一想"中问题 3-2，加深巩固对不同进制整数的表示形式的掌握。

（5）课堂互动：测试主教材"想一想"中问题 3-3，学会辨识整数的错误形式。

 3. 拓展知识：信息的二进制表示

（1）讨论计算机为什么要使用二进制？

（2）讨论十进制数、文字、符号、图形、图像和语言等信息是如何进行数字化表示的？

 4. 知识点二：认识浮点数

（1）通过圆周率认识浮点数，了解祖冲之在圆周率计算上的成就，培养学生的文化自信。

（2）介绍浮点数的科学记数法表示方式。

（3）课堂互动：讨论主教材"想一想"中问题 3-4，全面掌握科学记数法的正确表示。

（4）课堂检测：测试主教材"练一练"中问题 3-5，避免错误使用浮点数。

 5. 知识点三：真值和假值

（1）播放中央电视台财经频道的"是真的吗 .mp4"视频，引出真、假话题，倡导学生对网络信息进行辨识，培养求真务实的科学精神。

（2）介绍 Python 中的真、假值，通过测试代码掌握程序设计中的真、假值含义。

 6. 知识点四：空值

简单介绍特殊常量 None，为后面在编程中灵活使用打下基础。

第 3 单元 奇妙的数字

7. 知识点五：表达式

介绍表达式的基本组成形式，通过练习主教材"想一想"中问题 3-6，学会将代数式写成正确的表达式。

8. 知识点六：算术运算符

介绍主教材表 3-2 中的常用算术运算符和表 3-3 隐式类型转换方式，实践"想一想"中问题 3-7，熟练掌握它们的使用方法，特别注意 /、%、// 的运算要求和规则。

9. 知识点七：算术复合赋值运算符

介绍主教材表 3-2 中的常用算术运算符，讨论想一想中问题 3-8 掌握运算符的使用，特别强调右边部分会自动作为一个整体参与运算的特性。

10. 牛刀小试

通过毛主席的"好好学习天天向上"题词延伸出科学计算的简单应用，见主教材例 3-1，引导学生要积极向上，坚持不懈，感怀伟大领袖，弘扬正能量。

11. 单元总结

小结本次课的内容，布置课后作业。

3.9 拓展练习

（1）从键盘上任意输入一个十进制整数，输出其类型，其对应的二进制、八进制及十六进制的数值。程序运行示例如下：

```
输入一个数值 ->1997
类型： <class 'int'>
二进制： 0b11111001101
八进制： 0o3715
十六进制： 0x7cd
```

（2）从键盘上输入一个三位正整数，计算并输出其各位数字的立方和。程序运行示例如下：

```
请输入一个三位正整数 ->123
各位数字的立方和为： 36
```

（3）从键盘上输入一个一元二次方程的3个系数a、b、c（要求满足b**2-4ac>0的条件），计算并输出该方程的两个实根。程序运行示例如下：

```
请输入一元二次方程的二次项系数 ->2
请输入一元二次方程的一次项系数 ->4
请输入一元二次方程的常数项 ->1
该方程的两个根为：-0.29,-1.71
```

3.10 问题解答

【问题 3-1】上机运行代码，得到如图 3-7 所示的输出结果：

```
类型： <class 'int'>
二进制： 0b11101111111
八进制： 0o3577
十六进制： 0x77f
```

图 3-7 问题 3-1 运行结果

【问题 3-2】0456 是十进制整数表示，不能以 0 开头；0b123 是二进制整数表示，不能出现 0、1 以外的数符；0o789 是八进制整数表示，不能出现 0～7 以外的数符；0X5G 是十六进制整数表示，不能出现 0～9、a～f、A～F 以外的数符。

【问题3-3】 错误的是 B，0B 是二进制整数形式，出现 3 是错误的。

【问题3-4】 1.56E2.3 错在指数不是整数；e5 错在 e 前面没有数字；3.5e-4.5 错在指数不是整数。

【问题3-5】 C 是错误的，指数不是整数。

【问题3-6】 代数式 $\dfrac{-b+\sqrt{b^2-4ac}}{2a}$ 对应的表达式是：

(-b+(b**2-4*a*c)**(1/2))/(2*a)

【问题3-7】 348/25:13.92　　348//25:13　　358%25:8

　　　　　　81**0.5:9.0　　True+2.5:3.5

【问题3-8】 x=9

3.11　第 3 单元习题答案

1. D　2. D　3. D　4. D　5. A　6. C　7. C　8. B　9. D　10. B
11. 程序代码如下：

```
chinese=eval(input("请输入语文成绩："))
math=eval(input("请输入数学成绩："))
english=eval(input("请输入英语成绩："))
zf=chinese+math+english
pj=zf/3
print("总分是：",zf)
print("平均分是：",pj)
```

本单元资源下载：

第4单元 字符的队伍——字符串

4.1 知识点定位

青少年编程能力等级 Python 一级中的核心知识点 4：字符串类型。

4.2 能力要求

掌握并熟练编写带有字符串类型的程序，具备解决字符串处理基本问题的能力。

4.3 建议教学时长

本单元建议 3 课时。

4.4 教学目标

1. 知识目标

本单元以字符串类型学习为主，通过联系生活案例，让学生理解字符串的概念及创建方法，字符串元素的引用方法，了解字符串的常用函数与方法，掌

握字符串的格式化输出，为后续循序渐进地学习打好基础。

 能力目标

通过对 Python 字符串类型的学习，开启学习者用计算机解决实际问题的篇章，锻炼学习者从计算机的角度去思考问题，培养计算思维能力。

 素养目标

引入中国传统文化的相关内容，增强文化自信，增强学习者的爱国主义情怀，同时养成遵守规则的良好习惯。

4.5 知识结构

本单元的知识结构如图 4-1 所示。

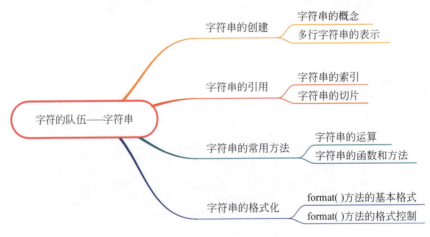

图 4-1 字符串的知识结构

1. Python 转义字符

需要在字符中使用特殊字符时，Python 用反斜杠（\）转义字符，如表 4-1 所示。

表 4-1 转义字符表

转义字符	描 述
\（在行尾时）	续行符
\\	反斜杠符号
\'	单引号
\"	双引号
\a	响铃
\b	退格 (Backspace)
\n	换行
\v	纵向制表符
\t	横向制表符
\r	回车
\f	换页
\oyy	八进制数，y 代表 0~7 的字符，例如，\012 代表换行
\xyy	十六进制数，以 \x 开头，yy 代表的字符，例如：\x0a 代表换行

2. Python 的字符串内建函数

Python 字符串内建函数如表 4-2 所示。

表 4-2 Python 字符串内建函数

方 法	描 述
string.capitalize()	把字符串的第一个字符大写
string.center(width)	返回一个原字符串居中，并使用空格填充至长度 width 的新字符串

续表

方　法	描　述
string.count(str, beg=0, end=len(string))	返回 str 在 string 里面出现的次数，如果 beg 或者 end 指定，则返回指定范围内 str 出现的次数
string.decode(encoding='UTF-8', errors='strict')	以 encoding 指定的编码格式解码 string，如果出错，默认报一个 ValueError 的异常，除非 errors 指定的是 'ignore' 或者 'replace'
string.encode(encoding='UTF-8', errors='strict')	以 encoding 指定的编码格式编码 string，如果出错，默认报一个 ValueError 的异常，除非 errors 指定的是 'ignore' 或者 'replace'
string.endswith(obj, beg=0, end=len(string))	检查字符串是否以 obj 结束。如果 beg 或者 end 指定了参数值，则检查指定的范围内的字符串是否以 obj 结束，如果是，返回 True，否则返回 False
string.expandtabs(tabsize=8)	把字符串 string 中的 tab 符号转为空格，tab 符号默认的空格数是 8
string.find(str, beg=0, end=len(string))	检测 str 是否包含在 string 中，如果 beg 和 end 指定了范围，则检查其是否在指定范围内，如果是，返回开始的索引值，否则返回 -1
string.format()	格式化字符串
string.index(str, beg=0, end=len(string))	跟 find() 方法一样，只不过如果 str 不在 string 中，会报一个异常
string.isalnum()	如果 string 至少有一个字符并且所有字符都是字母或数字，则返回 True，否则返回 False
string.isalpha()	如果 string 至少有一个字符并且所有字符都是字母，则返回 True，否则返回 False
string.isdecimal()	如果 string 只包含十进制数字，则返回 True，否则返回 False
string.isdigit()	如果 string 只包含数字，则返回 True，否则返回 False
string.islower()	如果 string 中包含至少一个区分大小写的字符，并且所有这些（区分大小写的）字符都是小写，则返回 True，否则返回 False
string.isnumeric()	如果 string 中只包含数字字符，则返回 True，否则返回 False
string.isspace()	如果 string 中只包含空格，则返回 True，否则返回 False
string.istitle()	如果 string 是标题化的（见 title()），则返回 True，否则返回 False

续表

方　　法	描　　述
string.isupper()	如果 string 中包含至少一个区分大小写的字符，并且所有这些（区分大小写的）字符都是大写，则返回 True，否则返回 False
string.join(seq)	以 string 作为分隔符，将 seq 中所有的元素（字符串表示）合并为一个新的字符串
string.ljust(width)	返回一个原字符串左对齐，并使用空格填充至长度 width 的新字符串
string.lower()	转换 string 中所有大写字符为小写
string.lstrip()	截掉 string 左边的空格
string.maketrans(intab, outtab])	maketrans() 方法用于创建字符映射的转换表，对于接受两个参数的最简单的调用方式，第一个参数是字符串，表示需要转换的字符，第二个参数也是字符串表示转换的目标
max(str)	返回字符串 str 中最大的字母
min(str)	返回字符串 str 中最小的字母
string.partition(str)	有点像 find() 和 split() 的结合体，从 str 出现的第一个位置起，把字符串 string 分成一个 3 个元素的元组 (string_pre_str,str,string_post_str)，如果 string 中不包含 str 则 string_pre_str == string
string.replace(str1, str2, num=string.count(str1))	把 string 中的 str1 替换成 str2，如果 num 指定，则替换不超过 num 次
string.rfind(str, beg=0,end=len(string))	类似于 find() 函数，返回字符串最后一次出现的位置，如果没有匹配项则返回 -1
string.rindex(str, beg=0,end=len(string))	类似于 index()，不过是从右边开始
string.rjust(width)	返回一个原字符串右对齐，并使用空格填充至长度 width 的新字符串
string.rpartition(str)	类似于 partition() 函数，不过是从右边开始查找
string.rstrip()	删除 string 字符串末尾的空格
string.split(str="", num=string.count(str))	以 str 为分隔符切片 string，如果 num 有指定值，则仅分隔 num+1 个子字符串
string.splitlines([keepends])	按照行 ('\r', '\r\n', '\n') 分隔，返回一个包含各行作为元素的列表，如果参数 keepends 为 False，不包含换行符，如果为 True，则保留换行符

续表

方 法	描 述
string.startswith(obj, beg=0,end=len(string))	检查字符串是否是以 obj 开头，是则返回 True，否则返回 False。如果 beg 和 end 指定值，则在指定范围内检查
string.strip([obj])	在 string 上执行 lstrip() 和 rstrip()
string.swapcase()	翻转 string 中的大小写字母
string.title()	返回"标题化"的 string，就是说所有单词都是以大写开始，其余字母均为小写（见 istitle()）
string.translate(str, del="")	根据 str 给出的表（包含 256 个字符）转换 string 的字符，要过滤掉的字符放到 del 参数中要过滤掉的字符放到 del 参数中
string.upper()	转换 string 中的小写字母为大写字母
string.zfill(width)	返回长度为 width 的字符串，原字符串 string 右对齐，前面填充 0

3. Unicode 编码

计算机中储存的信息都是用二进制数表示的，诸如英文、汉字等字符都是按照一定规则转化为二进制数存储在计算机中的，这一过程称为"编码"；反之，将存储在计算机中的二进制数解析显示出来，称为"解码"。在解码过程中，如果使用了错误的解码规则，则会导致信息不能正确地显示。

1）字符集（Charset）

字符集是一个系统支持的所有抽象字符的集合。字符是各种文字和符号的总称，包括各国家文字、标点符号、图形符号、数字等。

2）字符编码（character encoding）

字符编码是一套法则，使用该法则能够使自然语言的一个字符集合，与数字序列的一个集合进行配对。即在符号集合与数字系统之间建立对应关系，它是信息处理的一项基本技术。通常人们用符号集合（一般情况下就是文字）来表达信息，而以计算机为基础的信息处理系统则是利用元件（硬件）不同状态的组合来存储和处理信息的。元件不同状态的组合能代表数字系统的数字，因此，字符编码就是将符号转换为计算机可以接受的数字系统的数，称为数字代码。

常用的编码如图 4-2 所示。

第 4 单元 字符的队伍——字符串

图 4-2 常用的编码

3）Unicode 字符集 &UTF 编码

Unicode 编码系统为表达任意语言的任意字符而设计。它使用 4 字节的数字来表达每个字母、符号或者表意文字 (ideograph)。每个 Unicode 编码代表唯一的一个字符，被几种语言共用的字符通常使用相同的编码，每个字符对应一个 Unicode 编码，每个 Unicode 编码对应一个字符，即不存在二义性。

在计算机科学领域中，Unicode（统一码、万国码、单一码、标准万国码）是业界的一种标准，它可以使计算机得以体现世界上数十种文字。Unicode 是基于通用字符集（universal character set）的标准来发展的，同时，Unicode 还在不断扩增，每个新版本插入更多新的字符。至目前为止的第六版，Unicode 就已经包含了超过十万个字符（2005 年，Unicode 的第十万个字符被采纳且认可成为标准之一）。在 Unicode 字符集基础上，有 UTF-32/ UTF-16/ UTF-8 三种字符编码方案。

Python 字符串中的每个字符都使用 Unicode 编码表示。可使用 chr(x) 和 ord(x) 在单字符和 Unicode 编码值之间转换。例如，在用图 4-3 所示的凯撒密码对信息进行加密时，即可使用到这两个函数。

图 4-3 凯撒密码

 程序资源

本单元配套了"凯撒密码.py""星座信息输出.py"等程序,供授课教师选择演示,以激发孩子的学习兴趣。

教学环节	教学过程	建议时长
知识引入	玩猜谜游戏,引入文本信息的处理,谜底是"秋"字,后面会揭晓	1课时
字符串的创建	通过提问、讨论、测试、动手操作等互动及实践掌握字符串的概念及表示方法	
字符串的引用	通过排队引入字符串索引的概念,用具体的代码掌握字符串的引用方法	
字符串的操作及常用方法	采用代码演示操作的方法,熟练掌握字符串的操作及常用方法	1课时
字符串的格式化	了解字符串格式化输出的方法	1课时
单元总结	以提问方式总结本次课所学内容,布置课后作业	

 游戏式知识导入

可和学生玩一个和主教材中类似的猜谜游戏,然后让学生把猜谜游戏的过程用程序描述出来,引入字符串的概念。

第 4 单元　字符的队伍——字符串

2. 知识点一：字符串的创建

（1）介绍字符串创建的方法：用引号"包围"起来的内容就是字符串，字符串可以赋值给变量。

（2）课堂互动：主教材"想一想"中问题 4-1 哪些是字符串？让学生挑出哪些是字符串。也可让学生自己说出一些字符串。

（3）Python 环境中依次演示教材"显示猜谜游戏对话"示例。

（4）课堂练习：主教材"练一练"中问题 4-2。

（5）介绍多行字符串的表示，强调包围字符串的引号可以有三种。

（6）课堂练习："来找茬"提醒学生注意程序代码编写中，中英文标点符号的区别。

3. 知识点二：字符串的引用

（1）让学生玩一个"我来报数"的游戏：挑选几个学生排成一排，分别给出正向和反向排序的规则，让学生报出自己的序号。由游戏引入字符串的排序规则。

（2）课堂互动：完成主教材"想一想"中问题 4-3。

（3）结合主教材的例子，介绍字符串的索引概念，在 Python 环境中演示字符串中单个字符引用的方法。

（4）介绍字符串切片引用的方法，在 Python 环境中演示教材相关示例。

（5）课堂练习：完成主教材"练一练"问题 4-4。让学生讲解一下自己的解题思路及答案。

4. 知识点三：字符串的操作符及常用方法

（1）给学生一个连词成句的小作业，提问要如何把字符串连接起来。

（2）介绍字符串的基本操作符 +、*、in，演示教材相关例子。

（3）给学生一个较长的字符串，提问它的长度是多少，再用 len( ) 函数求出它的长度，让学生体会到函数的好处，从而引入字符串处理方法。

（4）讲解主教材例 4-3 让学生学会综合运用字符串的索引、操作符和函数解决问题。

（5）课堂互动：主教材"想一想"中问题 4-5，简单介绍转义字符的概念。

（6）课堂互动：主教材"来找茬"，通过该互动让学生建立数据类型的概念，明白同种类型的数据才能进行运算。简单介绍 Unicode 编码方案的概念及解决问题的相关字符串函数。

5. 知识点四：字符串的格式化

（1）通过小例子，让学生看到格式的重要性。

（2）介绍字符串 format( ) 方法的基本使用格式。

（3）介绍模板字符串中一系列大括号（{}）和 format( ) 方法中逗号分隔的参数的对应关系。

（4）介绍 format( ) 方法中的各格式控制标记，运行主教材例 4-4 程序，掌握 format( ) 方法的基本格式。

（5）运行主教材示例，让学生一一感受各格式控制标记的用法。

6. 单元总结

小结本次课的内容，布置课后作业。

4.9 拓展练习

（1）从键盘输入你的基本信息，并把它显示出来，如图 4-4 所示。

你叫什么名字？小萌
你今年几岁？10
你的学校是？中华小学
你的班级是？四（1）
我叫小萌，今年10岁，就读于中华小学，四（1）班。

图 4-4 学生基本信息输入及输出

（2）编写程序实现以下功能：

读入一个表示星期几的数字（0~6），输出对应的星期字符串名称。例如，输入 0，输出"星期日"；输入 1，输出"星期一"。

（3）格式化输出 0.001256 对应的科学表示法形式，保留 4 位有效位的标准浮点形式及百分形式。运行结果如图 4-5 所示。

1.2560e-03,0.0013,0.1256%

图 4-5 数字格式化输出

4.10 问题解答

【问题 4-1】有引号括起来的都是字符串。

【问题 4-2】程序代码如下：

```
print('小帅说:"左边绿，右边红，左右相遇起凉风。绿的喜欢及时雨，红的最
        怕水来攻。"')
print('小萌说:"em…，红。"')
print('小帅说:"不对！"')
print('小萌说:"em…，绿。"')
print('小帅说:"还是不对！"')
print('小萌说:"em…，我猜不到！"')
```

【问题 4-3】最右侧的"Z"的正向序号是"25"，最左侧的"A"的反向序号是"-26"。

【问题 4-4】方法是"身份证号码[6:14]"，比如：print("530101201610013732"[6:14])，切出来的结果是"20161001"。

【问题 4-5】结果为 5，"\n"为 1 个字符。

4.11 第 4 单元习题答案

1. A 2. B 3. A 4. C 5. D 6. D 7. C 8. A 9. C 10. A

11. 参考程序代码：

```
str_ord = 'abcdefghijklmnopqrstuvwxyzABCDEFGHIJKLMNOPQRSTUVWXYZ'
str_dis = 'cdefghijklmnopqrstuvwxyzabCDEFGHIJKLMNOPQRSTUVWXYZAB'
c = input()
index = str_ord.index(c)
print(str_dis[index])
```

本单元资源下载：

5.1 知识点定位

青少年编程能力等级 Python 一级中的核心知识点 5：列表类型。

5.2 能力要求

掌握并熟练编写带有列表类型的程序，具备解决一组数据处理基本问题的能力。

5.3 建议教学时长

本单元建议 3 课时。

5.4 教学目标

1. 知识目标

本单元以列表类型学习为主，通过联系生活案例，让学生理解列表的概念及创建方法，列表元素的索引及访问，了解列表元素的控制方法，为后续循环

第 5 单元　混合的队伍——列表

渐进地学习程序编写打好基础。

2. 能力目标

通过对 Python 列表类型的学习，学会借助列表类型来解决现实中的问题，锻炼学习者从计算机的角度去思考问题，培养计算思维能力。

3. 素养目标

具有一定信息素养，能够合理运用计算机去解决其他课程中的问题，增强社会主义核心价值观的认识，增强学习者的爱国主义情怀。

5.5 知识结构

本单元的知识结构如图 5-1 所示。

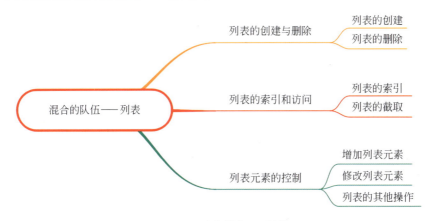

图 5-1　列表的知识结构

5.6 课程补充知识点

1. Python 列表元素的遍历

列表的遍历主要通过 for-in 语句实现。
格式 1 如下：

```
for    <任意变量名>    in    <列表名>:
    <语句块>
```

格式 2 如下：

```
for    <任意变量名>    in    enumerate(<列表名>):
    <语句块>
```

注：enumerate(sequence, [start=0])，返回枚举对象
参数
- Sequence——一个序列、迭代器或其他支持迭代对象。
- Start——下标起始位置。

格式 3 如下：

```
for    <任意变量名>    in    iter(<列表名>):
    <语句块>
```

注：iter(object[, sentinel]) 函数用来生成迭代器，返回迭代对象。
参数
- object——支持迭代的集合对象。
- sentinel——如果传递了第二个参数，则参数 object 必须是一个可调用的对象（如，函数），此时，iter 创建了一个迭代器对象，每次调用这个迭代器对象的 __next__() 方法时，都会调用 object。

格式 4 如下：

```
for    <任意变量名>    in    range(len(<列表名>)):
    <语句块>
```

注：range(start, stop[, step]) 函数返回类型是 ndarray，可用 list( ) 返回一个整数列表，一般用在 for 循环中。

参数

• start——计数从 start 开始。默认是从 0 开始。例如，range（5）等价于 range（0，5）。

• end——计数到 end 结束，但不包括 end。例如，range（0，5）是 [0, 1, 2, 3, 4]，没有 5。

• step——步长，默认为 1。例如：range（0，5）等价于 range(0, 5, 1)。

列表遍历示例程序代码如下：

```
list=['one','two','three']
print("********** 格式 1 实例 ***********")
for i in list:
    print(i)
print("********** 格式 2 实例 ***********")
for i in enumerate(list):
    print(i)
print("********** 格式 3 实例 ***********")
for i in iter(list):
    print(i)
print("********** 格式 4 实例 ***********")
for i in range(len(list)):
    print(list[i])
```

运行结果如图 5-2 所示。

```
**********格式1实例**********
one
two
three
**********格式2实例**********
(0, 'one')
(1, 'two')
(2, 'three')
**********格式3实例**********
one
two
three
**********格式4实例**********
one
two
three
```

图 5-2 列表遍历示例运行结果

2. 列表 (list) 推导式

Python 推导式是一种独特的数据处理方式，可以从一个数据序列构建另一个新的数据序列的结构体。列表 (list) 推导式即为其中之一，其格式如下：

[表达式 for 变量 in 对象]

或者

[表达式 for 变量 in 对象 if 条件]

例如：

```
>>> list1=[a for a in range(11)]
>>> print(list1)
[0, 1, 2, 3, 4, 5, 6, 7, 8, 9, 10]
>>> list2=[a for a in range(21) if a%3==0]
>>> print(list2)
[0, 3, 6, 9, 12, 15, 18]
>>> week=["Mon","Tues","Wed","Thurs","Fri","Sat","Sun"]
>>> new_week=[w.upper() for w in week]
>>> print(new_week)
['MON', 'TUES', 'WED', 'THURS', 'FRI', 'SAT', 'SUN']
```

3. Python 列表类型特有的函数或方法

Python 列表类型特有的函数或方法如表 5-1 所示。

表 5-1 Python 列表类型特有的函数或方法

函数或方法	描述
ls[i] = x	替换列表 ls 第 i 数据项为 x
ls[i:j] = lt	用列表 lt 替换列表 ls 中第 i~j 项数据（不含第 j 项，下同）
ls[i:j:k] = lt	用列表 lt 替换列表 ls 中第 i~j 以 k 为步长的数据
del ls[i:j]	删除列表 ls 第 i~j 项数据，等价于 ls[i:j]=[]
del ls[i:j:k]	删除列表 ls 第 i~j 以 k 为步长的数据
ls += lt 或 ls.extend(lt)	将列表 lt 元素增加到列表 ls 中
ls *= n	更新列表 ls，其元素重复 n 次

续表

函数或方法	描述
`ls.append(x)`	在列表 ls 最后增加一个元素 x
`ls.clear()`	删除 ls 中所有元素
`ls.copy()`	生成一个新列表，复制 ls 中所有元素
`ls.insert(i, x)`	在列表 ls 第 i 的位置增加元素 x
`ls.pop(i)`	将列表 ls 中第 i 项元素取出，并删除该元素
`ls.remove(x)`	将列表中出现的第一个元素 x 删除
`ls.reverse(x)`	列表 ls 中元素反转

4. Python 的列表和数组

列表是 Python 的内置数据类型，是 Python 中最基本的数据结构——序列中的一种，它提供一个或多个表示一组元素的方法；Python 原生没有数组的概念，要使用数组需通过 import array 或者 import numpy 中的 array 来引进数组。

Python 中原生的列表虽然使用方法与数组类似，但它们之间有本质区别。创建列表时不需要指定列表长度，可以在使用中动态插入任何数量的元素；也不需要指定数据类型，列表中不同元素的类型可以相同，也可以不同。而创建数组时必须指定数组长度和数据类型。另外，列表还具有诸如索引、切片、更新、删除等操作，也为程序编写提供了更大的设计空间，例如，绘图时可以将颜色值作为列表元素，绘制出多彩的图形，如图 5-3 所示。

colors=['red','orange','yellow','green','indigo','blue','purple']

图 5-3 七彩蟒蛇

5. 程序资源

本单元配套了"列表遍历示例.py""七彩蟒蛇绘制.py"等程序，供授课教师选择演示，以激发孩子的学习兴趣。

5.7　教学组织安排

教学环节	教学过程	建议时长
知识导入	使用一个小火车玩具引入列表的概念	1 课时
列表的创建与删除	通过提问、讨论、测试、动手操作等互动及实践掌握列表创建与删除的方法	
列表的索引和访问	通过和字符串的对比、采用代码演示、动手操作、提问等互动熟悉列表的索引和访问方法	1 课时
列表元素的控制引入	通过猜拳游戏引入列表元素的使用	
列表元素的控制	采用代码演示、动手操作、提问等互动熟练掌握列表元素控制的方法	1 课时
单元总结	以提问方式总结本次课所学内容，布置课后作业	

5.8　教学过程设计

 1. 游戏式知识导入

用一个火车玩具，和学生玩一个火车运货物的游戏，顺带引入列表的概念。

 2. 知识点一：列表的创建

（1）通过主教材小实例的演示介绍列表创建的方法。
（2）问答式完成主教材第 5 单元上"想一想"中问题 5-1，介绍空列表。

 3. 知识点二：列表的删除

（1）通过火车卸货演示比拟列表元素的删除。

（2）通过命令操作演示并讲解 del 语句的使用方法。

（3）通过命令操作演示并讲解 pop( ) 函数的使用方法。

（4）通过命令操作演示并讲解 remove( ) 函数的使用方法。

（5）通过命令操作演示并讲解 clear( ) 函数的使用方法。

（6）测试方式完成"来找茬"问题，对比 pop( ) 函数和 remove( ) 函数的异同，强化学生对这两个函数使用方法的理解。

4. 知识点三：列表的索引和访问

（1）以提问的方式带领学生回忆字符串的索引概念，以对比方式引入列表的索引概念。

（2）用提问的方式让学生说出主教材第 5 单元中列表引用命令的结果。

（3）运行主教材例 5-1 的程序，掌握列表在实际中的运用方式。

（4）让学生完成主教材第 5 单元"练一练"中问题 5-2，并和其他同学分享自己的程序代码。

（5）简单介绍扩充知识：使用 for-in 语句实现列表元素的遍历。

（6）运行主教材例 5-2 的程序，掌握列表的截取方法。

5. 知识点四：增加列表元素

（1）讲解主教材例 5-3 的程序代码，并运行。

（2）选两个学生来玩猜拳游戏，并让学生仿照主教材例 5-3 编写程序代码，记录游戏过程及双方得分。

（3）通过命令操作演示及提问的方式讲解 insert( )、extend( ) 函数和"+"运算符的使用方法。

（4）以课堂讨论的方式让学生提出使用其余函数或方法（除 append( ) 外）修改主教材例 5-3 的方法。

（5）以课堂练习的方式让学生完成主教材第 5 单元"练一练"中问题 5-3，并作分享讲解。

6. 知识点五：修改列表元素

通过命令操作演示及提问的方式讲解列表修改的方法。

7. 知识点六：列表的其他操作

（1）简单介绍主教材第 5 单元表 5-2 里的列表函数或方法。

（2）运行主教材例 5-4 程序，讲解 sort( ) 函数的使用方法。

（3）以课堂练习的方式让学生完成主教材第 5 单元"练一练"中问题 5-4，并作分享讲解。

（4）通过命令操作演示及提问的方式讲解求最大、最小等函数的使用方法。

8. 单元总结

小结本次课的内容，布置课后作业。

5.9 拓展练习

1. 成绩统计

设计一个程序，输入全班 10 个人的语文成绩，统计并输出该课程的总分、平均分、最高分及最低分，程序运行结果如图 5-4 所示。

图 5-4　成绩统计运行结果

2. 名字搜索

在经过一轮初赛后决定了进入演讲比赛决赛的同学名单，编写一个程序查询给定的同学是否进入了决赛。程序运行结果如图 5-5 所示。

请输入待查询的姓名：小帅
恭喜你进入决赛！

请输入待查询的姓名：黎明
你没有进入本次决赛，下次再接再厉！

图 5-5　名字搜索运行结果

3. 比 n 大的数

编写一个程序，实现随机产生一组数，从键盘输入一个数 n，输出该组数中比 n 大的所有数字。程序运行结果如图 5-6 所示。

请输入n:53
[0, 94, 65, 23, 60, 52, 14, 93, 47, 91]
列表中比n大的数有：
94 65 60 93 91

图 5-6　比 n 大的数运行结果

5.10　问题解答

【问题 5-1】　ls=[ ] 创建一个空列表。

【来找茬】　remove( ) 函数按列出的内容删除列表元素，不是按索引删除。

【问题 5-2】　程序代码如下：

```
ls=['牙刷','衣架','饼干','充电器']
print(ls[0],ls[1],ls[2],ls[3])
print("不是同类的一项是：",ls[2])
```

【问题 5-3】　程序代码如下：

```
s1=["富强","民主","文明","和谐"]
s2=["自由","平等","公正","法治"]
s3=["爱国","敬业","诚信","友善"]
```

```
s1+=s2
s1+=s3
print(s1)
```

【问题 5-4】 程序代码如下：

```
ls=[3,5,6,4,7]
ls.sort()
print("升序排序如下：",ls)
ls.sort(reverse=True)
print("降序排序如下：",ls)
```

5.11　第 5 单元习题答案

1. D　2. D　3. A　4. B　5. A　6. A

本单元资源下载：

6.1 知识点定位

青少年编程能力等级 Python 一级中的核心知识点 6：类型转换。

6.2 能力要求

理解类型的概念及类型转换的方法，具备表达程序类型与用户数据间对应关系的能力。

6.3 建议教学时长

本单元建议 1 课时。

6.4 教学目标

1. 知识目标

本单元以学习类型转换为主，通过联系生活案例，让学生了解数字类型、字符串类型、列表类型之间的转换方法，掌握 int( )、float( )、str( )、list( ) 函数的使用方法。

2. 能力目标

通过对 Python 类型转换的学习,能够在编程解决实际问题的过程中合理使用各种类型转换函数实现不同类型数据间的转换。

3. 素养目标

在学习类型转换实例的同时,增强文化自信及学习者的爱国主义情怀。

6.5 知识结构

本单元的知识结构如图 6-1 所示。

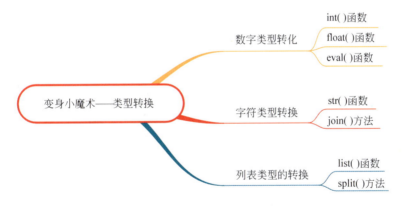

图 6-1 类型转换的知识结构

6.6 课程补充知识点

Python 数据类型转换内置函数如表 6-1 所示。

表 6-1 Python 数据类型转换内置函数

函　　数	描　　述
int(x [,base])	将 x 转换为一个整数，base 表示转换后的进制，默认值为 10
float(x)	将 x 转换为一个浮点数
complex(real[,imag])	创建一个复数
str(x)	将对象 x 转换为字符串
repr(x)	将对象 x 转换为表达式字符串
eval(str)	用来计算在字符串中的有效 Python 表达式，并返回一个对象
tuple(s)	将序列 s 转换为一个元组
list(s)	将序列 s 转换为一个列表
set(s)	转换为可变集合
dict(d)	创建一个字典，d 必须是一个 (key,value) 元组序列
frozenset(s)	转换为不可变集合
chr(x)	将一个整数转换为一个字符
ord(x)	将一个字符转换为它的整数值
hex(x)	将一个整数转换为一个十六进制字符串
oct(x)	将一个整数转换为一个八进制字符串

6.7　教学组织安排

教学环节	教学过程	建议时长
知识引入	通过一个不同类型的加法运算引入类型的概念	1 课时
数字类型转换	通过提问、讨论、测试、动手操作等互动及实践掌握数字类型转换的方法	
字符类型转换	通过提问、动手操作等互动及实践掌握字符类型转换的方法	
列表类型的转换	通过提问、实例讲解介绍字符类型转换的方法	
单元总结	以提问方式总结本次课所学内容，布置课后作业	

第 6 单元　变身小魔术——类型转换

6.8　教学过程设计

1. 问题式知识导入

给学生出一个不同类型物品相加的问题，让大家讨论结果是什么，从而引入数据类型的转换问题及类型测试函数 type( )。

2. 知识点一：数字类型转换

（1）通过命令操作、实例演示及提问的方式讲解 int( ) 函数。
（2）课堂互动：回答主教材第 6 单元"想一想"中问题 6-1。
（3）通过命令操作、实例演示及提问的方式讲解 float( ) 函数。
（4）课堂互动：回答主教材第 6 单元"想一想"中问题 6-2。
（5）通过命令操作、实例演示及提问的方式讲解 eval( ) 函数。
（6）课堂练习：回答主教材第 6 单元"练一练"中问题 6-3。

3. 知识点二：字符类型转换

（1）通过命令操作、实例演示及提问的方式讲解 str( ) 函数。
（2）通过实例演示及提问的方式讲解 join( ) 函数。

4. 知识点三：列表类型的转换

（1）通过命令操作及提问的方式讲解 list( ) 函数。
（2）课堂练习：回答主教材第 6 单元"练一练"中问题 6-4。
（3）通过实例演示及提问的方式讲解 split( ) 函数。

5. 单元总结

小结本次课的内容，布置课后作业。

6.9 拓展练习

（1）编写程序，使用 eval(input( )) 接收一个正数输入，作为圆的半径，求解圆的面积。使用 print 语句输出结果（小数点后保留 2 位小数）。

例如：当输入 1 时，输出的结果为 3.14。

编程完成后，按如下要求输入数据，并填写运行结果，结果直接写数字，不要使用引号、空格等修饰符：

① 若半径为 2.5，圆的面积为_____；

② 若半径为 85.47，圆的面积为_____；

③ 若半径为 1257.3，圆的面积为_____。

运行结果如图 6-2 所示。

图 6-2　圆面积求解运行结果

（2）编写程序实现功能如下：

① 使用 int(input( )) 接收用户输入的一个整数型数据，这个数据表示总人数。

② 按 25 个人为一整队方式组队，求解输入的总人数可以组成多少个整队，以及组完整队后还剩几个人，使用 print 函数输出结果。

示例 1：用户输入的数据 53，输出的结果为：整队 2 队，剩 3 人。

示例 2：用户输入的数据 50，输出的结果为：整队 2 队，剩 0 人。

编程完成后，按如下要求输入数据，并填写运行结果，结果直接写数字，不要使用引号、空格等内容修饰符：

① 设输入的是 75，输出的结果为：整队____队，剩____人。

② 设输入的是 86，输出的结果为：整队____队，剩____人。

③ 设输入的是 321234567890，输出结果为：整队____队，剩____人。

程序运行结果如图 6-3 所示。

```
75
整队3队，剩0人
86
整队3队，剩11人
321234567890
整队12849382715队，剩15人
```

图 6-3　整队方式运行结果

6.10　问题解答

【问题 6-1】 输出结果为 55，input( ) 函数输入的是字符类型，字符类型的"*"运算表示把字符串 x 复制 n 次。

【问题 6-2】 运行显示出错，float( ) 函数转换的字符串只能是纯数字。

【问题 6-3】 改写例 6-1 的程序代码如下：

```
a=eval(input("请输入长方形的长："))
b=eval(input("请输入长方形的宽："))
print("长方形的面积为：",a*b)
```

改写例 6-2 的程序代码如下：

```
a=eval(input("请输入书包的金额："))
b=eval(input("请输入文具盒的金额："))
print("小萌购买书包和文具盒一共需要：{:.2f}元".format(a+b))
```

【问题 6-4】 list("15.44") 的结果是：['1', '5', '.', '4', '4']。

6.11　第 6 单元习题答案

1. B　2. D　3. D　4. B　5. A　6. B　7. C　8. B　9. B

10. ① 110　② 12193272867093423318244176　③ 23232323

①②参考代码如下：

```
a=eval(input())
b=eval(input())
c=eval(input())
d=(a+b)*c
print(d)
```

11. ① 0.4　② 104857.6　③ 107374182.4，98529.8

①②参考代码如下：

```
n=eval(input())
x=0.1*2**n
print("{:.1f}".format(x))
```

12. ① 1661947200　② 5076907200　③ 2825310240000

参考代码如下：

```
year=eval(input())
day=eval(input())
t=(day+year*365)*24*3600
print(int(52.7*t))
```

本单元资源下载：

7.1 知识点定位

青少年编程能力等级 Python 一级中的核心知识点 11：（1）turtle 库功能以及基本的程序绘图方法；（2）借助 turtle 库，介绍标准库的引入方式。

7.2 能力要求

掌握并熟练使用 turtle 库的主要功能，具备通过程序绘制图形的基本能力。

7.3 建议教学时长

本单元建议 2 课时。

7.4 教学目标

1. 知识目标

本单元由符合一级能力要求的 turtle 库的使用构成，让学生学会 turtle 库的引用和库中函数的使用方法，利用 turtle 库画一些基本、简单的图形。

2. 能力目标

本单元是 turtle 库入门，适用于编程能力一级的学习者。完成本单元学习后，学生应能画出一些基本的图形，具备分析图形的画法和画笔的走向、颜色等基本能力。

3. 素养目标

以本单元的 turtle 库为例，启发学生认识标准库内置的方法、属性，为利用标准库拓展编程能力打好基础。

7.5 知识结构

本单元的知识结构如图 7-1 所示。

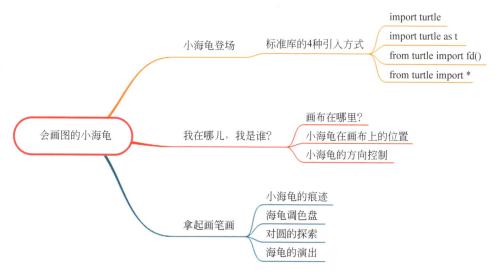

图 7-1 会画图的小海龟知识结构

7.6 补充知识

turtle 库的使用涉及一些数学和计算机基础知识，此时的学生大多处于小学阶段，年龄在 9~12 岁，即小学 4~6 年级，需要给学生补充对应的知识。

1. 正负数

用方向来说明正负数，用数轴的方式来讲解，如图 7-2 所示。

图 7-2　数轴

小海龟爬行时，前进方向为正，与前进方向相反的即为负。用函数 fd( ) 来举例，当参数为正数时，代表前进（小海龟头的朝向），参数为负数时，代表后退（前进的反方向）。

2. 像素

对比图 7-3 中的 3 张图片。

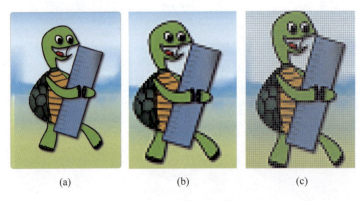

图 7-3　图片对比

图 7-3（a）是清晰的小海龟，图 7-3（b）是放大后的图片，边缘已经模糊，

第 7 单元　会画图的小海龟

图 7-3（c）是加上了网格线的图片。通过三张图的对比，让学生了解计算机屏幕由类似图 7-3（c）图的网格线构成，显示的文字和图片都是把对应的小格子涂上颜色，网格线一般不显示出来，就是图 7-3（b）的样子。格子越小，看到的图像就越清晰，看到的就是图 7-3（a）的样子。图中的每个小格子就称为一个像素。每张图都是由一个一个像素横向纵向排列后组成的矩形，当我们看到的一张图的尺寸表示为 1024*512，就代表这张图的矩形长为 1024 个格子，宽为 512 个格子。

3. 坐标

坐标主要用来定位。画布是由像素构成的，小海龟在画布上的位置，包括起始位置和爬行过程中的位置。小海龟爬行时，可以前后移动，也可以左右移动，这样位置关系也就包括前后和左右。在画布上，每个位置都可以用横向几个像素（x），纵向几个像素（y）组合来描述。可用图 7-4 来描述位置。用正方形小格让学生理解坐标值，能正确表示坐标中点的位置。

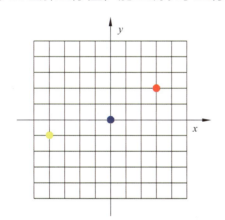

结合这张图，主要讲清楚这几个点：
(1) 坐标系看成是很多小正方形格子在一起，每个小正方形格子的边长都是1；
(2) 坐标就是位置，横向称为横坐标 x，竖向称为纵坐标 y，坐标的表示方式 (x, y)，是横竖线的交叉点；
(3) 小海龟的起始位置为（0，0），方向向 x 的正向移动。

图 7-4　坐标示意图

4. 圆的相关知识

圆的示意图如图 7-5 所示。

圆心：把一张圆形纸片对折两次，两个折痕的交叉点就是圆心，上图中红色圆点为圆心。

半径：圆心到圆上任意一点的距离（上图蓝色线）为半径。

在画布上，圆心的坐标确定圆的位置，半径的长度确定圆的大小。

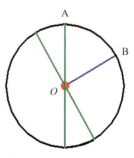

图 7-5　圆的示意图

直径：把圆形纸片对折后的折痕就是直径，它通过圆心，长度是半径的两倍，图 7-5 中绿色的两条线段为直径。

周长：放一只蚂蚁在圆上，它沿着边缘爬一圈又回到了起点，这一圈的长度就是周长。图 7-5 中，黑色曲线一圈的长度即为周长。

弧：圆周的一部分，如上图中，圆周上 A、B 两点间圆的部分就是弧。

圆心角：顶点在圆心的角叫圆心角，如上图中∠AOB 为圆心角。该圆心角所对的弧为弧 AB。

圆内接正多边形：顶点都在圆周上的正多边形。

此部分知识的补充，建议参考小学六年级数学关于圆的部分内容。

7.7 教学组织安排

教 学 环 节	教 学 过 程	建议时长
知识导入	从绘画入手，以提问的方式让学生讨论画一幅画需要用到哪些工具，它们的作用分别是什么，这些绘画用的工具都放在哪里。通过讨论，引入"库"和函数	1课时
turtle 库导入	用小海龟在海滩爬行，引入 turtle 库。同时，引导学生与平时绘画做对比，说明绘画的过程。在此期间引入坐标、定位、像素等概念	1课时
turtle 常用函数	通过程序讲解常用函数，边演示，边讲解；修改函数参数，让学生看到不同的参数带来的不同的运行效果，讲解时特别注意不同 turtle 库引入方式下函数的不同用法	
课堂总结	总结本节课所学知识，布置课后练习	
标准库的导入方式及函数使用方式	通过多个程序的演示，带领学生回顾 turtle 库的引入方式和函数的不同参数带来的不同运行结果	1课时
turtle 库进阶函数介绍	先总体介绍要学习的函数，简要介绍功能即可	
画圆相关函数演示	演示函数功能，着重讲解 circle() 函数的功能及其参数的使用，补充关于圆的数学知识	
涂色及屏幕设置相关函数演示	演示程序，展示函数功能，着重讲解颜色的三种设置方式以及屏幕位置的设置	
单元总结	总结本节课所学知识，布置课后练习	

第 7 单元　会画图的小海龟

7.8　教学实施参考

1. 讨论性知识导入——库的概念

与学生讨论其熟知的绘画过程，讨论分为几个部分：首先，注意强调需要的工具，比如画板、画笔、颜料等；接着，讨论这些工具的存放，强调学生可能会提到的"箱子""盒子"等；最后，讨论绘画的过程，强调每次绘画都要把工具箱先拿出来，打开之后才能使用里面的工具。通过这些讨论，引入"库"的概念。此时不需要过多强调"标准库"这个名称，在二级教材中有讲解"标准库"的单元，在此只需要让学生建立"库"的概念即可。讨论过程可以用图 7-6 来引起学生的兴趣。

图 7-6　宝箱小海龟

2. 知识点一：turtle 库引入

课堂讨论由"turtle"的意思入手，引导学生想到海龟的爬行。爬行时会留下痕迹，可以向前爬，也可以向后爬，海龟可以看成画笔，痕迹就是画出的图形。此时，学生应该已经认识到"库"是用来装工具的，那么要用这些工具，需要先要把"库"引入。主教材介绍了 4 种引入方法，结合 4 个程序来讲解。

（1）主教材例 7-1：这是第一种引入方法。配合这种方法，用到了两个函数，shape( ) 和 fd( )。对照运行结果讲解两个函数的含义以及在第一种引入方法下函数的使用方法。

这里要讲解的内容还应该有绘画的方向，正向和反向怎么确定。

（2）主教材例 7-2：这是第二种引入方法。在此例子中主要讲解的是，在此引入方法下函数的使用以及 fd( ) 函数中参数为负数时表示的方向。

（3）第三种引入方法见主教材例 7-3。

（4）第四种引入方法见主教材例 7-4。

后面两个例子主要讲解 turtle 库的引入方法，以及在该方法下函数的使用，运行结果和前两个例子是一样的，不用过多讲解。

课堂练习：结合主教材"想一想"中问题 7-1，让学生总结一下引入 turtle 库的方法，说出自己喜欢用哪一种，引导学生说出每种引入方法下函数的使用特点。

课堂练习：结合主教材"练一练"中问题 7-2，让学生学会四种引入方法，并能够准确判断正确的引入方式是哪些。

 知识点二：定位和方向

这个部分主要围绕画布的位置、小海龟的位置和绘画的方向来展开讲解几个位置关系，要让学生辨别清楚，画布是绘图窗口，它的位置指的是运行程序时在屏幕上打开该窗口的那个位置；小海龟的位置指的是画笔在画布上的位置，主教材图 7-6 让学生认真观察，弄清楚各个位置的关系。在讲解这个知识点之前，应该已经讲解了像素、方向和坐标的知识。

（1）画布的位置：函数 setup( )。

这个函数用来设置画布在屏幕上的位置。此函数的讲解关键是 4 个参数的含义。

（2）小海龟在画布上的位置：x、y 坐标。

通过讲解，学生应该能够正确标识坐标上的点，找到点的位置。

课堂练习：结合主教材"练一练"中问题 7-3，与学生互动，请学生在坐标图上标识出坐标点，也可以请学生互相出题，目的是熟悉坐标，在后面的学习中能够给小海龟定位。

（3）小海龟的爬行方向和转角。

这部分应该弄清楚的几个函数是 left( )、right( ) 和 seth( )。left( )、right( ) 转动的方向以小海龟当前的运动方向为参照，seth( ) 的方向是绝对角度，需要给学生解释什么叫绝对角度，即参照小海龟的起始方向转的角度。

主教材例 7-5，这个程序演示了小海龟左转，让学生实际动手操作，并修改其中的参数，正负都尝试一下。

课堂练习：结合主教材"想一想"中问题 7-4，请学生思考 seth( ) 函数的使用，分析图中两次转角可以怎么设置。掌握绝对角度，相对角度。

课堂练习：结合主教材"练一练"中问题 7-5，要求学生掌握角度的设置和转动方向。

4. 知识点三：画图常用函数

这部分的函数主要是最基本的画笔函数，大致可以分为画笔运动的控制和画笔颜色的设置两类。程序运行时，小海龟的运行轨迹完成图形的形状、颜色和文字等的输出。要求学生能够用这些函数实现基本图形形状的绘制、对画笔颜色和粗细的设置以及文字的输出。

（1）主教材例 7-6：学会使用 penup( )、pendown( ) 和 goto( ) 函数。抬起画笔，目的是移动到需要的位置，不留下移动过程中的痕迹，就像小海龟飞起来一样。goto( ) 函数可以直接让小海龟去到指定的位置（直接由坐标给出）。

（2）主教材例 7-7：学会使用 pencolor( ) 和 pensize( ) 函数。用来设置画笔的颜色和粗细。颜色设置使用颜色的字符串，可以引导学生多说几个颜色字符串，画笔的粗细单位是像素。

（3）主教材例 7-8：使用前面学过的函数画一个彩色六边形。这里用到了循环结构，由于还没有学到循环语句，在此对循环不用太多讲解，只需要告诉学生循环部分是重复执行某些动作的。本例中，重复的动作是：到列表中选取颜色，画线条，每画一条线，颜色变化一次，线条变粗一点。

课堂练习：结合主教材"练一练"中问题 7-6，讨论画图的方向。要求学生读懂并理解程序。

（4）主教材例 7-9：学习函数 dot( )，用它来画圆点。函数的两个参数，第 1 个参数是圆点的半径，第 2 个参数是圆点的颜色，当没有参数时，使用默认值。

课堂练习：结合主教材"想一想"中问题 7-7，引导学生自己分析程序，两个正方形画的顺序。

（5）主教材例 7-10：学习和圆相关的函数 circle( )。该函数通过参数的不同设置，可以画圆、圆弧和圆内接多边形。

函数形式为：circle(radius,extent,steps)。三个参数的含义如下：

radius：圆的半径，单位为像素，这个参数是必需的。

extent：圆心角的度数，如果要画圆弧，这个参数是必需的，否则不需要。

steps：圆内接正多边形的边数，如果要画正多边形，这个参数是必需的，否则不需要。

结合主教材"想一想"中问题 7-8，与学生讨论画一个正多边形可以有几种画法。学生应该能想出来用顺序结构一边一边画,也能想到用 circle( ) 函数通过设置参数画,还会有学生能想到用循环语句来画。学生的想法都给予肯定,并要求学生能说出每种画法的过程。

(6)主教材例 7-11:这是一个比较综合的程序,用到了前面所学过的函数。需要关注的函数有 colormode( )、fillcolor( )、write( )、begin_fill( ) 和 end_fill( )。这些函数着重讲解参数的使用,让学生通过自己编写程序来熟悉了解。

颜色的三种设置方式:

三种方式分别是颜色字符串、用 RGB 的小数表示、用 RGB 的整数表示。整数表示时需要注意使用 colormode( ) 函数进行设置。

使用 fill_color( ) 函数涂色:

使用该函数可以给一个封闭的图形涂色,因此使用前需加上 begin_fill( ),涂色结束需要加上 end_fill( )。

(7)主教材例 7-12:这个例子主要介绍了 color( ) 函数的用法,与主教材例 7-11 对比,让学生熟悉并掌握给图形填充颜色的方法。

5. 单元总结

总结课上所学知识,布置课后练习。

6. 本单元函数汇总

表 7-1　turtle 库函数(一)

函　数	函 数 别 名	函 数 说 明
forward(distance)	fd(distance)	小海龟前进 distance
backward(distance)	bk(distance)	小海龟后退 distance
left(angle)	lt(angle)	小海龟左转,角度为 angle
right(angle)	rt(angle)	小海龟右转,角度为 angle
goto(x,y)	无	小海龟爬行到指定的坐标 (x,y)
pennup()	pu()、up()	小海龟悬空(抬起画笔)
pendown()	pd()、down()	小海龟落下(落下画笔)
pensize(wid)	width(wid)	小海龟爬行痕迹宽度为 wid 像素
pencolor(color)	无	设置爬行痕迹颜色为 color
speed(speed)	无	设置小海龟爬行速度,速度范围 0~10

续表

函 数	函数别名	函数说明
hideturtle()	ht()	隐藏小海龟
done()	无	停止爬行

表7-2 turtle 库函数（二）

函 数	函数描述	参数说明
dot(size,color)	绘制圆点	size 是圆点大小，color 是圆点的颜色
circle(radius,extent,steps)	绘制圆形、圆弧和正多边形	radius 是半径，extent 是夹角，steps 指绘制的圆内接多边形的边数
bgcolor(*args)	设置画布背景色	参数是需要设置的颜色
fillcolor(color)	给画好的图形涂色	参数是需要给图形涂的颜色
color(col1,col2)	设置填充颜色和绘图的线条颜色	col1 设置线条颜色，col2 设置填充颜色
setup(width,height,startx,starty)	设置窗口大小	设置窗口的宽、高，距离屏幕边缘的位置
write(arg,move,align,font)	在画布上写字	要写的内容以及对该内容的属性设置

7.9 拓展练习

（1）用两种方法画出正三角形。

参考方法：

① 按顺序画三条边，画完每条边画笔左转 120°。

② 参照教材例子，用循环 for 来完成。

③ 用 circle() 函数，通过设置参数 steps=3，画圆内接正三角形。

（2）用 turtle 库的函数，让学生自己画一个图形。

参考图形：花瓣图形、太极图等。

7.10 问题解答

【问题7-1】 让学生总结4种引入turtle库的方法，并比较各自的特点。说出自己喜欢用哪一种并具体说明原因。

【问题7-2】 选择B。让学生熟悉turtle库的4种引入方法，说出错误的原因，并说出每种引入方式下函数的使用。

【问题7-3】 把每个坐标点正确标注在坐标图上。还可以再多增加几个点让学生标识，或者让学生说出图上点的坐标。

【问题7-4】 可以用left( )函数设置，也可以用seth( )函数设置。本题讨论讲解时，重点讨论绝对角度和相对角度，请学生说出几种设置方式。

【问题7-5】 选择A。要求学生熟悉角度的设置，知道角度的方向。与学生讨论角度为负数时转动的方向。

【问题7-6】 选择C。要求学生掌握角度的方向和简单图形的绘画。

【问题7-7】 先与学生分析程序，讨论画图的顺序和步骤，等学生回答出画图顺序后，再运行程序验证。

【问题7-8】 请同学自己编程画正多边形，看有几种画法。

【问题7-9】 选择D。学会使用circle( )函数，通过设置参数画不同的与圆有关的图形。

7.11 第7单元习题答案

1. B 2. D 3. A 4. C 5. D 6. B

本单元资源下载：

8.1 知识点定位

青少年编程能力等级 Python 一级中的核心知识点 8：分支结构（即选择结构）。

8.2 能力要求

掌握并熟练编写带有分支结构的程序，具备利用分支结构解决实际问题的能力。

8.3 建议教学时长

本单元建议 2 课时。

8.4 教学目标

1. 知识目标

本单元学习分支结构，通过各种生活案例，让学生了解程序设计中的分支结构，掌握 Python 中的单分支 if 语句、双分支 if-else 语句及多分支 if-elif-else 语句，为后续渐进的学习打下良好的语法基础。

第 8 单元 向左转向右转——分支结构

2. 能力目标

通过对 Python 分支结构的学习，掌握计算机解决分支结构问题的方法，锻炼学习者从计算机的角度思考问题，培养计算思维能力。

3. 素养目标

在学习选择结构的同时，认识人生中选择的重要性，让学习者树立正确的人生观、价值观。

8.5 知识结构

本单元的知识结构如图 8-1 所示。

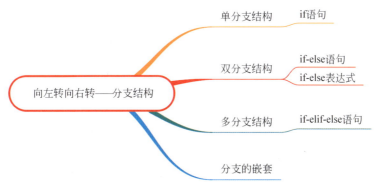

图 8-1 分支结构的知识结构

8.6 课程补充知识点

1. 程序设计 3 种基本结构

结构化程序设计思想提及了 3 种基本控制结构。计算机科学家 Bohm 和

Jacopini 证明了任何简单或复杂的算法都可以由这三种基本结构组合而成，即顺序结构、选择结构和循环结构。

1）顺序结构

如图 8-2 所示的回音壁，要想听见回音，先要对着回音壁发出声音，才能出现回音，这就属于顺序结构。

图 8-2　回音游戏

顺序结构是控制结构中最简单的一种基本结构。它表示程序中的各操作是按照它们出现的先后顺序执行的，其流程如图 8-3 所示。在此控制结构中，先执行处理框 A，再执行处理框 B。

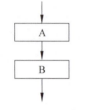

图 8-3　顺序结构

2）选择结构

如图 8-4 所示的"孔融让梨"就是一种选择，以中华传统美德为条件的一种选择。

图 8-4　孔融让梨

选择结构也称为分支结构，它是根据所列条件的正确与否来决定执行路径的，流程图如图 8-5 所示。在此控制结构中，有一个判断框 P 代表条件：若为双分支结构，则 P 条件成立，执行 A 框的处理，否则执行 B 框的处理，如图 8-5(a) 所示；若为单分支结构，则只有 P 条件成立时，才执行 A 框的处理，否则将不做任何处理，如图 8-5(b) 所示。

第 8 单元　向左转向右转——分支结构

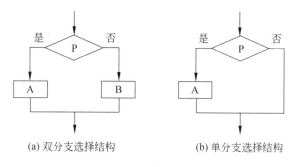

(a) 双分支选择结构　　(b) 单分支选择结构

图 8-5　选择结构

3) 循环结构

循环就是一种重复,如我国魏晋时期的数学家刘徽用以求圆周率的"割圆术",如图 8-6 所示。

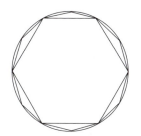

割之弥细,所失弥少。
割之又割,以至于不可割,
则与圆周合体而无所失矣。

刘徽
魏晋时期数学家

图 8-6　割圆术

循环结构是一种反复执行多次操作直到满足退出循环条件才终止重复的程序结构。如图 8-7 所示,当满足条件 P 时,反复执行 A 框。一旦不满足条件 P 就不再执行 A 框,而执行它下面的操作。如果在开始时,就不满足条件 P,那么 A 框一次也不执行。

以上三种基本控制结构都只有一个入口和一个出口,没有永远都执行不到的部分,也没有死循环(无限循环)。这些都是结构化程序需满足的条件。

图 8-7　循环结构

2. 布尔逻辑及布尔表达式

布尔逻辑得名于乔治·布尔(见图 8-8),他是考克大学(现爱尔兰国立考克大学)的英国数学家,他在 19 世纪中叶首次定义了逻辑的代数系统,可以将抽象的概念"真"和"假"用于数学计算。布尔逻辑在电子学、计算机硬件和软件中有很多应用。

布尔表达式（boolean expression）是一段代码声明，它最终只有 True(真) 和 False(假) 两个取值。布尔表达式在程序设计语言中有两个基本的作用：一是在某些控制语句中作为实现控制转移的条件；另一个则是用于计算逻辑值本身。

布尔表达式是布尔运算量和逻辑运算符按一定语法规则组成的式子。逻辑运算符通常有"与""或""非"三种；逻辑运算对象可以是逻辑值（True 或 False）、布尔变量、关系表达式以及由括号括起来的布尔表达式。不论是布尔变量还是布尔表达式，都只能取逻辑值 True 或 False。在计算机内通常用 1（或非零整数）表示真值（True），用 0 表示假值（False）。

图 8-8　乔治·布尔

3. 关系表达式

关系表达式是由关系运算符（<, >, ==, <=, >=, !=）和运算对象按一定语法规则组成的式子。若该关系表达式成立，则此关系表达式之值为 True，否则为 False。

4. 程序资源

本单元配套了"回音游戏.py""割圆术.py"等程序，供授课教师选择演示，以激发孩子们的学习兴趣。

8.7　教学组织安排

教学环节	教学过程	建议时长
知识引入	通过一个寓言故事引入选择的概念	1 课时
知识拓展	播放视频，简单介绍程序设计的三种基本结构，让学生对程序设计结构有一个大致了解	
单分支结构	通过唱歌、提问、实例讲解等互动及实践，掌握单分支语句 if	
双分支结构	通过提问、实例讲解等互动及实践，掌握双分支结构 if-else	

续表

教学环节	教学过程	建议时长
多分支结构	通过提问、实例讲解等互动及实践，掌握多分支语句if-elif-else	1课时
分支结构嵌套	通过提问、实例讲解等互动及实践，掌握分支的嵌套结构	
单元总结	以提问方式总结本单元课程所学内容，布置课后作业	

8.8 教学过程设计

1. 故事式知识导入

给学生讲一个寓言故事，让大家讨论故事结果是什么，从而引入选择问题，强调选择的重要性，该如何做出正确的选择。

2. 知识拓展

可播放视频"程序的三种基本结构.mp4"，并简要介绍程序设计的三大基本结构。

3. 知识点一：单分支结构

（1）带学生一起唱一首幸福拍手歌，为表示选择引入单分支if语句。
（2）介绍if语句的语法格式及执行流程。
（3）通过命令操作及提问的方式简单介绍关系运算及逻辑运算。
（4）运行并讲解主教材例8-1程序代码。
（5）课堂练习：主教材第8单元"练一练"中的问题8-1。

4. 知识点二：双分支结构

（1）通过闰年的判断引入双分支结构，并介绍if-else语句的语法格式及执

行流程。

（2）运行并讲解主教材例 8-2 程序代码。

（3）介绍 if-else 双分支表达式，运行主教材例 8-3 程序代码，掌握 if-else 表示式的用法。

（4）和学生一起讨论完成主教材例 8-4，强化对双分支语句的理解。

（5）课堂讨论：主教材第 8 单元"来找茬"。

 知识点三：多分支结构

（1）通过成绩等级划分问题引入多分支结构，并介绍 if-elif-else 语句的语法格式及执行流程。

（2）以讨论的方式和学生一起完成主教材例 8-5 成绩等级划分，强化对多分支语句的理解。

（3）课堂讨论：主教材第 8 单元"想一想"中的问题 8-2。

（4）以分组方式让学生编制一个可以实现加、减、乘、除运算的程序代码，并分享，再展示主教材例 8-6 代码。

 知识点四：分支结构嵌套

（1）通过主教材例 8-6 代码在特殊情况下运行出错的问题，引入分支的嵌套结构。

（2）以提问的方式介绍分支语句嵌套的几种结构。

（3）课堂讨论：主教材第 8 单元"想一想"中的问题 8-3。

（4）和学生一起分析讲解主教材例 8-7 程序代码，并运行。

（5）课堂练习：主教材第 8 单元"练一练"中的问题 8-4。

7. 单元总结

小结本次课的内容，布置课后作业。

8.9 拓展练习

（1）编写程序实现如下功能：

① 使用 input( ) 按顺序接收两个输入数据，分别表示一个成年人的体重（单位：公斤）和身高（单位：米）。

② 使用公式计算该人的 BMI（身体质量指数）值，BMI 计算公式为：BMI = 体重 /（身高 * 身高）。

③ 当 BMI 值小于 18.5 时，表示该成年人偏瘦，故输出"偏瘦"。

④ 当 BMI 值大于或等于 18.5，同时小于 25 时，输出"正常"。

⑤ 当 BMI 值大于或等于 25，同时小于 30 时，输出"偏胖"。

⑥ 当 BMI 值大于或等于 30 时，输出"肥胖"。

注：input( ) 函数中不要增加任何参数等提示信息。

运行结果如图 8-9 所示。

```
50
1.7
偏瘦

75
1.8
正常

75
1.73
偏胖

88
1.7
肥胖
```

图 8-9　BMI 计算

（2）编写程序实现如下功能：

某网上书店规定，买书的总额达到或超过 200 元，将免除邮寄费用，否则邮寄费用为购书总价的 5%。编程实现如下功能：

① 通过输入函数，输入购书的总价。

② 如果达到或超过 200 元，则输出"免除邮寄费"。

③ 如果未达到 200 元，则输出"邮寄费用：XX 元"。

④ 如果等于或低于 0 元，则输出"金额错误，请重新输入"。

注：input( ) 函数中不要增加任何参数等提示信息，输出的邮寄费用保留小数点后 2 位，冒号使用中文状态冒号。

运行结果如图 8-10 所示。

```
200
免除邮寄费

100
邮寄费用：5.00元

-2
金额错误，请重新输入
```

图 8-10　邮费计算

（3）编写一个程序，根据生日求星座及诞生石，要求输入生日（比如：2月1日为201，11月1日为1101），输出星座及诞生石，生日与星座及诞生石的关系如图8-11所示。

	Aries	白羊	03.21-04.20	钻石
	Taurus	金牛	04.21-05.21	蓝宝石
	Gemini	双子	05.22-06.21	玛瑙
	Cancer	巨蟹	06.22-07.22	珍珠
	Leo	狮子	07.23-08.22	红宝石
	Virgo	处女	08.23-09.22	红条纹玛瑙
	Libra	天秤	09.23-10.22	蓝宝石
	Scorpio	天蝎	10.23-11.21	猫眼石
	Sagittarius	射手	11.22-12.20	黄宝石
	Capricorn	摩羯	12.21-01.20	土耳其玉
	Aqurius	宝瓶	01.21-02.19	紫水晶
	Pisces	双鱼	02.20-03.20	月长石

图8-11 星座与诞生石对应关系

运行结果如图8-12所示。

图8-12 程序运行示例

8.10 问题解答

【问题8-1】程序代码如下：

```
a,b=eval(input("请输入两个数:"))
if b>a:
    a,b=b,a
print("两个数的差为:",(a-b))
```

【来找茬】"="不是等号而是赋值号，比较中的等是"=="。

【问题8-2】 在多路分支的if语句中，只有前面的条件不满足才会判断后面的条件，所以对于大于等于90分的成绩没有机会进行第二个条件的判断，也就不会出现既输出A又输出B的情况。

【问题8-3】 程序段1的运行结果为：0

程序段2的运行结果为：-1

【问题8-4】 程序代码如下：

```
op=input("请输入运算符：")
a,b=eval(input("请输入两个运算对象的值，以逗号（,）分隔："))
if op=='+' :
    print("{}{}{}={}".format(a,op,b,a+b))
elif op=='-' :
    if a<b:
        a,b=b,a
    print("{}{}{}={}".format(a,op,b,a-b))
elif op=='*' :
    print("{}{}{}={}".format(a,op,b,a*b))
elif op=='/' :
    if b!=0:
        print("{}{}{}={}".format(a,op,b,a/b))
    else:
        print("除数不能为0！")
```

8.11　第8单元习题答案

1. D　2. C　3. A　4. B　5. C　6. C　7. B

8. 参考代码如下：

```
n=eval(input("请输入一个数值："))
if n<0 or n>100:
    print("输入错误")
elif n<60:
    print("不及格")
elif n<85:
    print("及格")
```

```
else:
    print("优秀")
```

9. 参考代码如下：

```
x=eval(input())
if x<35:
    print("请检查设备是否正常，重新测试")
elif 35<=x<=37:
    print("体温正常，允许通行")
else:
    print("发热，禁止进入校园")
```

10. 参考代码如下：

```
usr_in = input()
if usr_in in ["一","二","三","四","五"]:
    print("工作日")
elif usr_in in ["六","日","七"]:
    print("休息日")
else:
    print("输入错误")
```

本单元资源下载：

9.1 知识点定位

青少年编程能力等级 Python 一级中的核心知识点 9：循环结构。

9.2 能力要求

掌握并熟练使用循环控制结构编写程序，具备利用循环控制结构解决问题的能力。

9.3 建议教学时长

本单元建议 4 课时。

9.4 教学目标

1. 知识目标

本单元以循环控制结构学习为主，通过联系生活实际案例，让学生掌握遍历循环 for 结构（包括 range 函数、字符串、列表），条件循环 while 结构，理解无限循环，掌握循环控制保留字 break、continue，循环嵌套，为后续渐进的学习打下良好的语法基础。

2. 能力目标

通过对 Python 循环控制的学习，掌握计算机解决问题的方法，锻炼学习者从计算机的角度去思考问题，培养计算思维能力。

3. 素养目标

引入中国传统文化、卫星发射、歌曲、数学问题等相关内容，增加趣味性，增进对中国历史和传统文化、中国科技的了解，增强文化自信、制度自信。

9.5 知识结构

本单元的知识结构如图 9-1 所示。

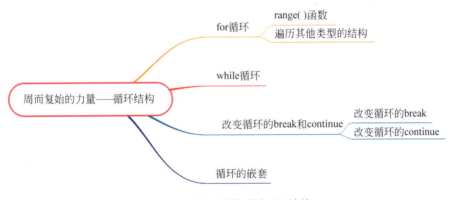

图 9-1 循环结构的知识结构

9.6 补充知识点

1. 什么是死循环

在编程中，一个靠自身控制无法终止的程序称为"死循环"。

例如，在 Python 语言程序中，语句 while True: printf("*") 就是一个死循环，运行它将无休止地打印 * 号。

不存在一种算法，对任何一个程序及相应的输入数据，都可以判断是否会出现死循环。因此，任何编译系统都不做死循环检查。

在设计程序时，若遇到死循环，可以通过按下 Ctrl+C 键的方法，结束死循环。然而，在编程中死循环并不是一个必须避免的问题，在实际应用中，经常需要用到死循环。

2. 遍历循环的拓展

for 循环语句是通过遍历某一序列来完成循环，循环结束的条件就是可迭代对象被遍历完成。变量每经过一次循环就会得到可迭代对象中的一个元素，并通过循环体处理它。

（1）当可迭代对象是文件的例子：

```
fi=open("1.txt","r")
for line in fi:
    print(line,end="")
```

文本文件如图 9-2 所示。

图 9-2　文本文件

运行结果如下：

```
Beautiful is better than ugly.
Explicit is better than implicit.
Simple is better than complex.
```

（2）当可迭代对象是集合的时候，输出对象是无序的。如：

```
for c in {123,'dream',456}:
    print(c,end='*')
```

运行结果如下：

```
dream*123*456*
```

（3）当可迭代对象是字典时，输出的是字典的键，而不是键值对。

3. 绘制图形的拓展

由等边三角形→正方形→正五边形→正多边形的规律，可知所有正多边形，都是直线加一个角度的循环。turtle.fd(length)，length 为多边形的边长，turtle.right(angle) 或者 turtle.left (angle) 这个 angle 与多边形的边数 n 有关，angle=360/n。

总结写一个绘制正多边形的函数：

```
from turtle import *
def regular_polygon(n):
    for i in range(n):
        fd(100)
        left(360/n)
        #right(360/n)
    done()
```

4. turtle 库设置颜色

同学们接触 RGB 三原色，可以通过直观的渠道，如"画图"软件。在"画图”软件中，RGB 的范围是 0~255，如图 9-3 所示。

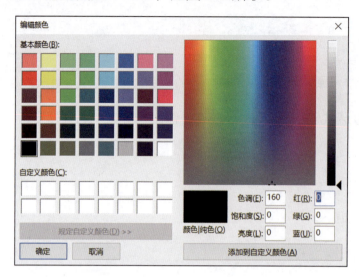

图 9-3　画图软件中的颜色面板

（1）通过 RGB 色彩模式设置颜色。如果在 Python 里的 turtle 库下设置颜色，如 turtle.color（255,0,0）会报错。原因是 turtle 库中的色彩模式默认值是 1.0。可通过 turtle.colormode( ) 这条语句查看，结果是 1.0。所以在 turtle 库中设置 RGB 范围在 0~1.0。如果要用 0~255 这个范围，应加入 turtle .colormode(255) 这条语句。

（2）除了用 RGB 设置颜色外，还可以用图 9-4 所示的表示颜色的单词。如 turtle.color('red')。

red	green	blue	magenta	yellow	chocolate
black	aquamarine	lime	fuchsia	brass	azure
brown	bronze	deeppink	aliceblue	gray	copper
coral	feldspar	orange	orchid	pink	plum
quartz	purple	aliceblue	antiquewith	blanchedalmond	blueviolet
beige	burlywood	bisque	cadetblue	pink	saddlebrown
royalblue	rosybrown	purple	orengered	olivedrab	powderblue
peachpuff	papayawhip	paleturquoise	palevioletred	palegreen	navyblue
navajowhite	palegodenrod	violetred	yellowgreen	tomato	turquoise
thistle	springgreen	steelblue	salmon	scarlet	sienna
silver	tan	thistle	turquoise	violet	snow
salmon	scarlet	sienna	silver	tan	thistle
turquoise	violet	chartreuse	firebrick	gold	khaki

图 9-4　表示颜色的英文单词

（3）十六进制数表示颜色。如 turtle.color('#ff0000')，如图 9-5 所示。

图 9-5　颜色对应的十六进制

在 Python 下 turtle 库使用 RGB 调颜色，更适于随机颜色的出现，可打开 Python 下面的 IDLE，通过 Help 下拉菜单下单击 Turtle Demo，在弹出的菜单下单击 Examples 下拉菜单，单击 colormixer 再单击 START，打开图 9-6，最初 RGB 分别为 0.5、0.5、0.5 可看到合成灰色，可以任意调节 RGB 的值，混合成不同颜色。

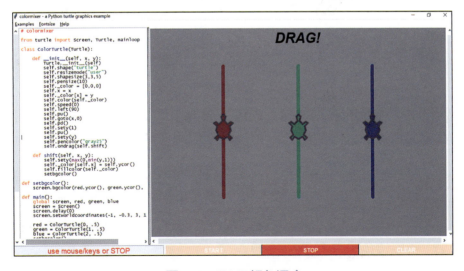

图 9-6　IDLE 颜色混合

9.7 教学组织安排

教学环节	教学过程	建议时长
知识导入	使用循环的命令帮助学生解决困难,了解循环的重要性	1课时
知识拓展	播放视频,科普循环、无限循环的相关概念,引起学生的学习兴趣	
for 循环	通过提问、讨论、测试、动手操作等互动及实践,掌握 for 的使用方法	
while 循环	通过案例理解条件循环 while 结构,用具体的代码掌握 while 循环及简单运用	1课时
改变循环的 break 和 continue	采用代码演示操作,熟练掌握 break 和 continue 的使用方法	1课时
循环的嵌套	了解编码中长代码的解决方法	1课时
单元总结	以提问式总结本次课所学内容,布置课后作业	

9.8 教学实施参考

1. 讨论式知识导入

展示图 9-7 所示的左侧功能,通过引导同学们得出如图 9-8 所示的指令代码,培养学习者计算思维的能力,再让同学们思考循环的要素。

用筷子 吃小笼包

用筷子 吃小笼包

用筷子 吃小笼包

图 9-7 循环示意图   图 9-8 指令代码

第 9 单元　周而复始的力量——循环结构

2. **播放视频资料：循环 .mp4**

科普计算机编程中的概念，比如无限循环、循环的含义，使学生学习兴趣得以提高。

3. **知识点一：for 循环**

（1）通过主教材中例 9-1 帮助小萌吃小笼包的方式使学生理解 for 循环的使用方法。

（2）问答方式完成主教材中"想一想"中的问题 9-1，总结出 range(n) 中 n 值的变化。

（3）通过跳绳引导出 range( ) 函数，用主教材例 9-2 火箭发射，说明 range( ) 函数的使用方法。

（4）问答方式完成主教材上的"想一想"中的问题 9-2，总结出 range( ) 函数的三种使用方法。

（5）测试方式完成主教材"练一练"中的问题 9-3，了解学生关于 range( ) 函数的掌握情况。

（6）绘制 5 个均分二维平面的相同圆。主教材例 9-3 通过绘制图形练习 range( ) 函数，感受循环中的 range( ) 函数多变的使用方法。

（7）问答方式完成主教材"想一想"中的问题 9-4，总结出 n 不仅用于循环次数，还可以用在循环体内。

（8）介绍遍历其他类型的循环。

（9）主教材例 9-4 以遍历家中水果为例，使学生掌握遍历列表的方法。

（10）实际动手操作方式完成主教材"做一做"中的问题 9-5，掌握构成列表或元组且遍历列表或元组的方法。

（11）用测试方式完成主教材"练一练"中问题 9-5，带领学生熟悉关于 for 循环遍历列表的正确使用方法。

（12）主教材例 9-5 以绘制奥运五环为例，使学生熟练掌握遍历列表的方法。

（13）用问答方式完成主教材"想一想"中问题 9-6，for 循环用于遍历列表及转换 range( )，完成相同功能。

（14）用测试方式完成主教材"练一练"中问题 9-7，带领学生熟悉关于 for 循环遍历颜色列表的正确使用方法，区分 range( ) 函数和列表遍历。

4. 知识点二：while 循环

（1）通过小仙女请小萌吃食物的方式，引导学生理解 while 循环的使用方法。

（2）通过主教材例 9-6 帮助小萌的方式，实际写出对应的代码，加深对 while 循环的理解。

（3）给出两个注意点，引导学生理解 while 循环使用时的易错点。

（4）用测试方式完成主教材"想一想"中问题 9-8，加深强制对齐的 Python 语法规则，不守规则会出错误。

（5）用测试方式完成主教材"想一想"中问题 9-9，测试学生关于 while 后的条件的掌握情况。

（6）问答方式完成主教材"想一想"中问题 9-10，引导学生理解无限循环或死循环，什么情况会出现死循环。

（7）用测试方式完成主教材"练一练"中问题 9-11，测试学生关于 while 循环条件的掌握情况。

5. 知识点三：改变循环的 break 和 continue

（1）通过小仙女变出无数的泡泡，引导学生理解改变循环的 break 的使用方法。

（2）通过主教材例 9-7 模仿生成任意个彩色的小泡泡，练习使用 turtle、random 库，加深对 while True 搭配 break 的理解。

（3）通过主教材例 9-8 找出 100 以内的最大平方值，练习 for-in 搭配 break 的使用方法。

（4）测试方式完成主教材"想一想"中问题 9-12，加深对 rang( ) 函数、for-in 遍历循环、break、以空格作为输出结尾标识等知识点的理解。

（5）用测试方式完成主教材"练一练"中问题 9-13，测试学生关于改变循环的 break 的掌握情况。

（6）提出一个注意点：break 只能跳出本层循环，不能一次跳出所有循环。

（7）通过输出 4 行 5 列的星号，引导学生理解改变循环的 continue 的使用方法。

（8）通过主教材例 9-9 实际演示，练习 continue 的使用方法。

（9）测试方式完成主教材"想一想"中的问题 9-14，加深 for-in 遍历循环、

continue、以空格作为输出结尾标识等知识点的理解。

（10）用测试方式完成主教材"练一练"中问题 9-15，测试学生关于改变循环的 continue 的掌握情况。

6. 知识点四：循环的嵌套

（1）通过主教材例 9-9 的问题，引导学生思考循环嵌套的使用。

（2）分析新的问题，给出循环嵌套的使用方法。

（3）通过主教材例 9-10，模仿生成夜空布满美丽星辰的案例，练习使用 turtle、random 库，加深对循环嵌套的使用方法的理解。

（4）用问答方式完成主教材"想一想"中的问题 9-16，引导学生注意循环嵌套的编写目的、运行规则、修改程序达到七彩效果。

（5）通过主教材例 9-11 帮助小萌检查数学题，分析问题后，实际写出对应的代码，再次练习循环嵌套的思维方式。

（6）用问答方式完成主教材"想一想"中的问题 9-17，引导学生注意双重循环的编写规则。

（7）用问答方式完成主教材"想一想"中的问题 9-18，引导学生注意不能随意使用 break，设置 flag 这个标记。

（8）用问答方式完成主教材"想一想"中的问题 9-19，引导学生复习选择结构。

（9）用测试方式完成主教材"练一练"中的问题 9-20，测试学生关于循环嵌套的边界、input( ) 函数与 eval( ) 函数联用的掌握情况。

7. 单元总结

以生活中的循环案例，讨论不同类型循环之间的差异，总结本单元知识，布置课后作业。

9.9 拓展练习

（1）当家长睡不着时（如图 9-9 所示），同学们给家长编写一个数羊的程序帮他入睡,从 1 数到 1000 只羊,每秒数 1 只,输出如图 9-10 所示的数羊效果。

图 9-9　睡觉数羊　　　　　　　　　图 9-10　数羊效果

（2）绘制如图 9-11 所示的龙卷风图案。

（3）制作"石头剪刀布"游戏（如图 9-12 所示），代码效果如图 9-13 所示。

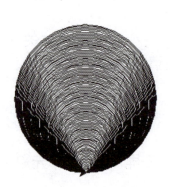

图 9-11　龙卷风图案　　　　　　　图 9-12　石头剪刀布游戏

```
*****石头剪刀布游戏开局******
剪刀(0)石头(1)布(2)
你出？0
机器出2即布
你赢
*****石头剪刀布游戏结束******
```

```
*****石头剪刀布游戏开局******
剪刀(0)石头(1)布(2)
你出？0
机器出0即剪刀
平局
*****石头剪刀布游戏结束******
```

```
*****石头剪刀布游戏开局******
剪刀(0)石头(1)布(2)
你出？0
机器出1即石头
哈哈,你输了
*****石头剪刀布游戏结束******
```

图 9-13　石头剪刀布代码效果

9.10 问题解答

【问题9-1】 range(3) 产生的可迭代对象：从0到2，步长1。

【问题9-2】 range() 函数有3种使用方法：range(终止值)；range(起始值，终止值)；range(起始值，终止值，步长)。

【问题9-3】 正确的是B，本题主要考查range()函数的参数的含义。要出现1,2,3这三个数字，注意左闭右开。

【问题9-4】 right(360/n) 这句话不能不要，如果不要会在同一个地方重复画圆。它的作用是让圆均分360度即整个二维空间。

【问题9-5】 参考程序代码：

```
quantities=[8,9,3,4,1]
for quantity in quantities:
    print(quantity)
```

【问题9-6】 循环了5次。因为程序中有pencolor(color)，就是每次都要编颜色，所以用了颜色遍历。用range()函数实现奥运五环的参考程序代码如下：

```
from turtle import *
pensize(15)
colors=['blue','black','red','orange','green']
speed(0)
penup()
goto(-120,0)
for i in range(5):
    if i==3:
        goto(-60,-50)
    pendown()
    pencolor(colors[i])
    circle(50)
```

```
    penup()
    fd(120)
hideturtle()
```

【问题9-7】 正确的是A。因为循环体用了pencolor(color)也就是用颜色遍历，所以选择 for color in colors。

【问题9-8】 正确的是D。cnt+=1这句话与while对齐后，只执行一遍，语法不出错，逻辑出错。

【问题9-9】 会出现D，因while后的条件不会改变，一直是"真"，会出现无限循环。

【问题9-10】 一个靠自身控制无法终止的程序称为"死循环"，当条件为永真，且循环体内没有break。

【问题9-11】 应该填A，如果篮子没有接到炸弹，用while basket != "bomb" 表示。

【问题9-12】 结果是B，range(0,10,2)产生一个0~9且步长为2的可迭代对象，虽然有"i==5 break"这条语句，但i不能到达5。

【问题9-13】 结果是C，for s in st 会遍历字符串，加入break后遇到数字字符结束遍历。

【问题9-14】 结果是B,本题考查continue()及range()函数，与问题9-10类似，只是遇到4不输出继续下一次循环6。

【问题9-15】 结果是C，与问题9-14类似，遇到数字不输出继续下一个。

【问题9-16】 第一个遍历循环 for i in range(50): 表示绘制50颗星，第二个遍历循环 for i in range(5): 表示绘制五角星的五条边。fd(length)与right(144)这两条语句共执行了50×5=250遍。

```
from turtle import *
from random import *
bgcolor('black')
speed(0)
for i in range(50):
    x,y = randint(-300,300),randint(-300,300)
    penup()
    goto(x,y)
    pendown()
```

```
    r,g,b = random(),random(),random()
    color(r,g,b)
    length = randint(1,60)
    angle = random()*360
    seth(angle)
    begin_fill()
    for i in range(5):
        fd(length)
        right(144)
    end_fill()
hideturtle()
```

【问题 9-17】 第一个 for 与第二个 for 不能对齐，如果对齐会报错，第一个 for 循环就没有循环体了。

【问题 9-18】 flag = 0 不能替换为 break，如果替换了就只能找一组符合条件的值，找不到其他组了。

【问题 9-19】 if flag 代表如果 flag 为 1，找到了符合三个整数且斜边为 c 的直角三角形；flag 为 0，输出不存在三个整数构成且斜边为 c 的直角三角形。

【问题 9-20】 应该填 C，空（1）需要从键盘输入一个数，得到其数字的数值需要 eval() 函数，因不考虑分成 0，所以从第一个数最大到 n−1。

9.11　第 9 单元习题答案

1. B　　2. A　　3. B　　4. D　　5. D　　6. D　　7. A　　8. C　　9. D
10. A　　11. C　　12. A　　13. B　　14. A　　15. B
16. 参考代码如下：

```
n = int(input())
sum = 0
for i in range(1,n+1):
```

```
        if (i%3==0 or i%5==0) and i%15!=0:
            sum += i
print(sum)
```

第①空：503

第②空：3048721245

17. 参考代码如下：

```
n = int(input())
sum = 0
for i in range(1,n+1):
    if i%10 in [0,5]:
        print(i)
        sum += i
print(sum)
```

第①空：105

第②空：15246075

18. 参考代码如下：

```
m = int(input())
n = int(input())
cnt = 0
for i in range(m+1,n):
    if i%3==0 and i%7==0:
        #print(i)
        cnt += 1
print(cnt)
```

第①空：237

第②空：384799

19. 参考代码如下：

```
n = int(input())
for i in range(1,n-1):
    for j in range(1,n-1):
```

```
if 4*i+3*j+(n-i-j)/4 ==n:
    print("苹果{}个*橙子{}个*李子{}个\n ".format(i,j,n-i-j))
```

20. 参考代码如下：

```
m = int(input())
n = int(input())
for i in range(m,n+1):
    a,b,c,d=str(i)
    if int(a)**4+int(b)**4+int(c)**4+int(d)**4==i:
        print(i)
```

本单元资源下载：

第 10 单元　纠错小能手——异常处理

青少年编程能力等级 Python 一级中的核心知识点 10：Python 异常处理。

掌握并熟练使用基本异常处理结构，具备利用异常处理结构处理程序异常的能力。

本单元建议 1 课时。

 1. 知识目标

本单元以介绍异常处理为主，通过学生日常场景联系实际案例，让学生掌握异常处理 try-except 结构，try-except-else 结构及 try-except-finally 结构，提供更好的程序容错性和健壮性。

2. 能力目标

通过对 Python 异常处理的学习，掌握计算机解决异常处理的方法，锻炼学习者发现问题，解决问题的能力，培养学习者认真细致的精神，健全其全局观念。

3. 素养目标

引入纪律、中国传统文化、绘制螺旋线、数学问题等相关内容，增加趣味性，增进对中国历史和传统文化的了解，增强文化自信；通过程序纪律问题，给学生树立遵纪守法的思想；不断试错后处理，培养学生精益求精的工匠精神。

10.5 知识结构

本章的知识结构如图 10-1 所示。

图 10-1 异常处理知识结构

10.6 补充知识

1. 什么是软件测试

软件测试是一种用来促进鉴定软件的正确性、完整性、安全性和质量的过程。换句话说，软件测试是一种实际输出与预期输出之间的审核或者比较过程。软件测试的经典定义是：在规定的条件下对程序进行操作，以发现程序错误，衡量软件质量，并对其是否能满足设计要求进行评估的过程。

软件测试是伴随着软件的产生而产生的。在早期的软件开发过程中，软件规模都很小、复杂程度低，软件开发的过程混乱无序、相当随意，测试的含义比较狭窄，开发人员将测试等同于"调试"，目的是纠正软件中已经知道的故障，通常由开发人员自己完成这部分的工作。对测试的投入极少，测试介入也晚，常常是等到形成代码，产品已经基本完成时才进行测试。到了 20 世纪 80 年代初期，软件和 IT 行业进入了大发展，软件趋向大型化、高复杂度，软件的质量越来越重要。这个时候，一些软件测试的基础理论和实用技术开始形成，并且，人们开始为软件开发设计了各种流程和管理方法，软件开发的方式也逐渐由混乱无序的开发过程过渡到结构化的开发过程，以结构化分析与设计、结构化评审、结构化程序设计以及结构化测试为特征。人们还将"质量"的概念融入其中，软件测试定义发生了改变。测试不单纯是一个发现错误的过程，而且将测试作为软件质量保证 (SQA) 的主要职能，包含软件质量评价的内容，Bill Hetzel 在《软件测试完全指南》(Complete Guide of Software Testing) 一书中指出："测试是以评价一个程序或者系统属性为目标的任何一种活动。测试是对软件质量的度量。"这个定义至今仍被引用。软件开发人员和测试人员开始坐在一起探讨软件工程和测试问题。

2. raise 主动触发异常

异常是程序发生错误的信号，程序一旦出错就会抛出异常，程序的运行随之终止。捕获异常的目的是为了增强程序的健壮性，即使程序运行过程中出错，也不要终止程序，而是捕获异常并处理，将出错信息记录到日志内。本来程序一旦出现异常就整体结束掉了，有了异常处理以后，在被检测的代码块出现异常时，其发生位置之后的代码将不会执行，取而代之的是执行匹配异常的 except 子代码块，其余代码均正常运行。在不符合 Python 解释器的语法或逻辑规则时，是由 Python 解释器主动触发的各种类型的异常，而对于违反程序员自定制的各类规则，则需要由程序员自己来明确地触发异常。这就用到了 raise 语句，raise 语句后必须是一个异常的类或者是异常的实例。例如：

```
class Student:
    def __init__(self,name,age):
```

```
    if not isinstance(name,str):
        raise TypeError('name must be str')
    if not isinstance(age,int):
        raise TypeError('age must be int')
    self.name=name
    self.age=age
stu1=Student(4573,18)         # TypeError: name must be str
stu2=Student('egon','18') # TypeError: age must be int
```

3. assert 断言异常

Python 中使用 assert 语句声明断言，其语法为：

```
assert 表达式 [,"断言异常提示信息"]
```

Python 首先检测表达式结果是否为 True，若为 True 则继续向下执行，否则将触发断言异常，并显示断言异常提示信息，后续代码捕获该异常并做进一步处理。例如：

```
def testBirthday(x):
    assert len(x) == 8,'输入有误'
    print("通过")
data = input()
testBirthday(data)
```

运行结果 1：

```
2000
Traceback (most recent call last):
  File "b10-2.py", line 5, in <module>
    testBirthday(data)
  File "b10-2.py", line 2, in testBirthday
    assert len(x) == 8,'输入有误'
AssertionError: 输入有误
```

运行结果 2：

```
20210701
通过
```

10.7　教学组织安排

教学环节	教学过程	建议时长
知识导入	通过程序运行过程中遇到的错误，了解程序发生异常的情况	1 课时
知识拓展	播放视频，科普软件测试的相关概念，引起学生的学习兴趣	
try-except 语句	通过提问、讨论、测试、动手操作等互动及实践，掌握 try-except 的使用方法	
try-except-else 语句	通过异常发生及不发生的两种情况，用具体的代码掌握 try-except-else 的特性及简单运用	
try-except-finally 语句	通过不管异常发生或不发生，都要执行的情况，掌握 try-except-finally 的特性及简单运用	
单元总结	以提问式总结本次课所学内容，布置课后作业	

10.8　教学实施参考

1. 讨论式知识导入

通过提问，少先队员要守纪律，共青团员要守纪律，共产党员也要守纪律……程序有没有纪律？引导学生遵纪守法的观念，再通过除法运算引导学生思考程序中的异常。

2. 播放视频资料：软件测试 .mp4

科普软件测试中的概念，例如，软件测试的必要性、软件测试是什么，提高学生学习的兴趣。

3. 知识点一：try-except 结构

（1）通过主教材例 10-1 帮助小帅解决程序异常的问题，使学生理解 try-except 语句的使用方法。

（2）给出两个注意点，引导学生理解 try-except 语句使用时的易错点。

（3）通过提问方式，完成主教材例 10-2 不同异常情况下的不同的处理方式，说明 try-except 语句多异常情况的使用方法。

（4）问答方式完成主教材"想一想"中的问题 10-1，理解 try-except 语句中 try 中需要包含的语句。

（5）问答方式完成主教材"想一想"中的问题 10-2，理解 try-except 多异常语句中最后那个 except 语句的含义。

（6）测试方式完成主教材"练一练"中的问题 10-3，了解学生关于 try-except 的掌握情况。

4. 知识点二：try-except-else 语句

（1）运行程序进行测试，让学生看到如果没有异常发生，那么执行哪一条输出语句，进而理解 try-except-else 语句的使用场景。

（2）通过运行主教材例 10-3 的代码，以帮助小萌解答疑问的方式，分别输入正确的数据和错误的数据，对比程序执行情况，加深对 try-except-else 语句的理解。

（3）以测试的方式，完成主教材"想一想"问题 10-4，加深理解 else 部分语句执行的规则。

（4）以测试的方式，完成主教材"练一练"问题 10-5，测试学生关于 try-except-else 语句的掌握情况。

5. 知识点三：try-except-finally 语句

（1）借助小萌的疑问，告诉学生在 Python 中存在不管异常是否发生都要

第10单元 纠错小能手——异常处理

执行的语句。引导学生理解 try-except-finally 语句的使用方法。

（2）通过主教材例 10-4，演示无论是否发生异常，都会输出"作者：小帅，有问题请与我联系！"，从而加深学生对 try-except-finally 语句的理解。

（3）修改主教材例 10-4 后得到例 10-5，理解 try-except-else-finally 语句。

（4）通过例 10-6 多次输入密码，统计输入密码的次数，理解无论输入是否发生异常，都要记录输入次数，输入正确则显示彩色螺旋线，再次加深理解 try-except-finally 语句。

（5）以问答的方式，完成主教材"想一想"中问题 10-6，加深 finally 知识点的掌握。

（6）以测试的方式，完成主教材"想一想"中问题 10-7，测试学生关于 finally 的掌握情况。

（7）以测试的方式，完成主教材"练一练"中问题 10-8，测试学生关于 try-except-finally 的掌握情况。

 6. 单元总结

小结本次课的内容，布置课后作业。

10.9 拓展练习

在程序中随机生成一个 0~10000 的整数，让用户通过键盘输入进行猜测（如图 10-2 所示），如果输入的是整数：如果大于预设的数，显示"遗憾，太大了"；小于预设的数，显示"遗憾，太小了"；如果输入的是浮点数，显示"遗憾，这不是一个整数"；如果输入的其他，显示"遗憾，这不是个数"。如此循环，直至猜中该数，则显示"预测 N 次，你猜中了！"，N 是用户所有输入的次数。

图 10-2 猜数字

10.10 问题解答

【问题10-1】 不行，因为程序修改后，仍然会发生异常以至于程序在运行过程中出错。

【问题10-2】 不要最后的 except，程序语法上不会报错，但是如果不要最后的 except，会出现其他异常，因没有对应的 except，还是会发生异常。

【问题10-3】 正确的是 B，"青少年编程教程"只存在 s[0] 到 s[6]，不存在 s[7]，输出 s[7] 会出现异常，进入 except 语句。

【问题10-4】 C 会执行，else 部分没有异常出现。

【问题10-5】 输出的是 A，整数与字符串乘法运算无异常，代表字符串重复整数遍，除法运算发生异常，进入 except 语句。

【问题10-6】 有 try-finally 这种结构，语法不会报错。

【问题10-7】 A 会执行，finally 部分不管发不发生异常总是执行。

【问题10-8】 结果是 B，整数与字符串加法出错进入 except 语句块，finally 还是会执行。

10.11 第 10 单元习题答案

1. A   2. A   3. C   4. A   5. D   6. A   7. B   8. D   9. C   10. B

本单元资源下载：

11.1 知识点定位

青少年编程能力等级 Python 一级中的核心知识点 11：Python 工具箱——标准函数入门。

11.2 能力要求

掌握并熟练使用基本的输入输出函数和以简单运算为主的标准函数，具备运用基本标准函数的能力。

11.3 建议教学时长

本单元建议为 2 课时。

11.4 教学目标

1. 知识目标

本单元以函数工具箱为主，通过学生日常学习生活场景联系实际案例，让

第 11 单元　Python 工具箱——标准函数入门

学生认识函数，掌握部分常用标准函数的使用，为后续的综合应用打下良好的基础。

 能力目标

通过对 Python 标准函数的功能、使用方法的学习，掌握计算机解决复杂问题的方法，锻炼学习者分工合作、利用已有工具的能力，培养其计算思维的能力。

 素养目标

引入哈哈镜、游戏得分、购物、手拉手活动、结账、变大金箍棒等相关内容，增加趣味性，增进对自然现象、人类生产生活和四大名著之一《西游记》的了解；应用标准函数，解决生活中的问题，引导学生善观察、勤思考，善于应用自己所学，做到学有所用、学有所得；通过商店比价，引导学生做个理性的消费者；通过手拉手活动，引导少年儿童团结互助、共同进步；通过《西游记》中的金箍棒变大，感受标准函数的神奇，鼓励学生保持好奇心。

11.5　知识结构

本章的知识结构如图 11-1 所示。

图 11-1　标准函数入门的知识结构

11.6 课程补充知识点

1. 什么是计算机函数

计算机函数，是一个固定的程序段，或称其为一个子程序，它在可以实现固定运算功能的同时，还带有一个入口和一个出口。所谓的入口，就是函数所带的各个参数，我们可以通过这个入口，把函数的参数值代入子程序，供计算机处理；所谓出口，就是指函数的函数值，在计算机求得之后，由此口带回给调用它的程序。

一个较大的程序一般应分为若干个程序块，就像若干块积木拼搭（如图11-2），每一个模块用来实现一个特定的功能。所有的高级语言中都有子程序这个概念，用子程序实现模块的功能。在程序设计中，将一些常用的功能模块编写成函数，放在函数库中供选用。善于利用函数，可以减少重复编写程序段的工作量。许多程序设计语言中，将一段经常需要使用的程序代码封装起来，在需要使用时可以直接调用，所以，函数也可以说是许多代码的集合，这就是程序中的函数。

图 11-2　积木拼搭

2. abs() 函数

abs() 函数是 Python 的一个内置函数，主要作用是计算数字的绝对值（如

图11-3所示）。语法如下：

abs(x)

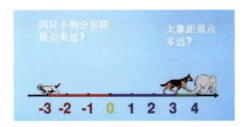

图11-3 绝对值

参数 x：只能为有符号的数字，例如：0，5，6.3，-78，1-2i……例如：

```
>>> abs(-3)
3
>>> abs(-78.96)
78.96
>>> abs(90)
90
>>> abs(3+4j)
5.0
>>> abs(-3-4j)
5.0
>>> abs('hello')
Traceback (most recent call last):
  File "<pyshell#4>", line 1, in <module>
    abs('hello')
TypeError: bad operand type for abs(): 'str'
```

注意，在abs（x）中，x可以是复数。在Python中，用字母 'j' 表示数学中的复数虚部单位 'i'。若x为复数，则abs(x)返回该复数的模值（该复数与它共轭复数乘积的平方根）。

3. type()函数

type()函数是Python的一个内置函数，主要用于获取变量类型（如

图 11-4 所示）。语法如下：

```
type(object)
```

图 11-4　类型

参数 object 表示实例对象，返回直接或者间接类名、基本类型，例如：

```
>>> type(100)
<class 'int'>
>>> type(3.1415926)
<class 'float'>
>>> type('我是一名少先队员')
<class 'str'>
>>> type([1949,1964,2008,2021])
<class 'list'>
>>> type((1949,2008,2021))
<class 'tuple'>
>>> type({1949,2008,2021})
<class 'set'>
>>> type({1949:'中华人民共和国成立',2008:'北京奥运会',2021:'建党100周年'})
<class 'dict'>
>>> type(range(10))
<class 'range'>
```

4. **max( )函数的扩展**

max( )函数的参数可以是可迭代对象,也可以是多个基本对象,有个参数是 key,key 可搭配 lambda 匿名函数来使用。例如:

```
>>> max([(1, '5'), (2, '4'), (3, '3'), (4, '2'), (5, '1')])
(5, '1')
# 我自定义的比较方式是比较第二个键值的大小
>>> max([(1, '5'), (2, '4'), (3, '3'), (4, '2'), (5, '1')],
    key=lambda x: x[1])
(1, '5')
```

通过 key 参数,改变指定方法,按第二列求最大值。

 5. **max( )函数与 sum( )函数的注意点**

max( )函数与 sum( )函数除了功能上不同,更重要的是参数不同。max( )函数的参数可以是可迭代对象,也可以是多个基本对象,但是 sum( )函数的参数必须是可迭代对象。例如:

```
>>> max(1,2,3)
3
>>> sum(1,2,3)
Traceback (most recent call last):
  File "<pyshell#19>", line 1, in <module>
    sum(1,2,3)
TypeError: sum() takes at most 2 arguments (3 given)
>>> max(())
Traceback (most recent call last):
  File "<pyshell#22>", line 1, in <module>
    max(())
ValueError: max() arg is an empty sequence
>>> sum(())
0
```

11.7　教学组织安排

教学环节	教学过程	建议时长
知识导入	通过《狮子照哈哈镜》的故事，了解不同哈哈镜、分工合作完成复杂问题	1课时
知识拓展	用函数的相关概念，引起学生的学习兴趣	
认识函数	通过提问、讨论、测试等互动让学生了解函数的作用	
标准函数的应用	提出实际及小说问题：如游戏最高得分、多家文具店比价、购物结账、变大金箍棒问题，提问、讨论、动手操作、测试等互动，通过提问、讨论、测试操作等解决实际情况	1课时
单元总结	以提问式总结本次课所学内容，布置课后作业	

11.8　教学实施参考

1. 讨论式知识导入

通过提问，同学们有没有看过哈哈镜……程序里的哈哈镜，引导学生理解为什么要用函数。再通过函数的作用引导学生思考掌握函数的必要性。

2. 播放视频资料：函数

科普计算机编程中函数的概念及使用函数的作用，使学生学习兴趣得以提高。

3. 知识点一：函数的使用方法

（1）通过《狮子照哈哈镜》的故事，使学生理解函数的作用。

（2）给出四面哈哈镜，引导学生理解分工合作的作用，让复杂的事情更加容易。

（3）通过提问的方式，不同物体通过同一哈哈镜得到不同的结果，说明函数的结果与参数有关系。

（4）通过提问的方式，引导学生掌握函数调用的方法。

（5）问答方式完成主教材"想一想"中问题 11-1，理解函数的作用：减少代码行数，降低代码维护的难度。

4. 知识点二：标准函数的应用

（1）通过提问的方式，引导学生掌握更多标准函数。

（2）通过 max( ) 函数的使用例子，了解 max( ) 函数的参数。max( ) 函数既可以是可迭代对象，也可以用于多个参数，通过主教材例 11-1 帮助小萌解决游戏历史最高得分问题，写出对应的代码，加深对 max( ) 函数的理解。

（3）问答方式完成主教材"想一想"中问题 11-2，针对学生常见错误，看看结果会怎么样？引发他们的思考。

（4）通过 min( ) 函数的使用例子，了解 min( ) 函数的参数。min( ) 函数与 max( ) 类似，既可以用于可迭代对象也可以用于多个参数，通过主教材例 11-2 帮助超市比价，实际写出对应的代码，加深对 min( ) 函数的理解。

（5）问答方式完成主教材"想一想"中问题 11-3，针对学生常见错误，看看结果会怎么样？引发他们的思考。

（6）通过 sum( ) 函数的使用例子，了解 sum( ) 函数的参数。sum( ) 函数参数只可以是可迭代对象，通过主教材例 11-3 帮助爸爸算商品总价，写出对应的代码，加深对 sum( ) 函数的理解。

（7）问答方式完成主教材"想一想"中问题 11-4，针对学生常见错误，看看结果会怎么样？引发他们的思考。

（8）通过 round( ) 函数的使用例子，了解 round( ) 函数的参数。round( ) 函数参数只可以是数字，通过主教材例 11-4 帮助爸爸计算四舍五入后的商品总价，写出对应的代码，加深对 round( ) 函数的理解。

（9）问答方式完成主教材"想一想"中问题 11-5，针对学生常见错误，看看结果会怎么样？引发他们的思考。

（10）通过 pow( ) 函数的使用例子，了解 pow( ) 函数的参数。pow( ) 函数参数只可以是数值表达式，通过主教材例 11-5 根据孙悟空的指令绘制金箍棒，实际写出对应的代码，加深对 pow( ) 函数的理解。

（11）提出孙悟空说4遍"变大"后的问题，让学生试下，看看会发生什么？

（12）问答方式完成主教材"想一想"中问题11-6，让学生理解如果长宽同时改变则需要设置，引发他们思考。

（13）问答方式完成主教材"想一想"中问题11-7，针对学生常发生错误，看看结果会怎么样？引发他们思考。

（14）通过案例"中国少年先锋队"文字的长度，以及中国大事年份的年份个数，了解len()函数的参数。len()函数参数只可以是可迭代对象。

（15）通过主教材例11-6找1~1000，隔7个数的个数问题，实际写出对应的代码，加深对len()函数的理解。

（16）问答方式完成主教材"练一练"中问题11-8，使学生加深对len()函数的理解。

5. 单元总结

通过讨论哪些数据可以求长度、如何求解一个坐标点到坐标原点的距离等问题，总结标准函数的应用，并布置课后作业。

11.9 拓展练习

（1）某诗词朗诵比赛（如图11-5所示）共有5位评委给选手打分，计算出选手最后成绩。最后成绩计算规则：去掉一个最高分，去掉一个最低分，取其他3位评委的平均分。

图11-5　诗词大赛

运行结果如下:

输入评委打分,以逗号隔开:80,70,90,85,85
选手总分 410,去掉最高分 90,去掉最低分 70,选手最后得分为 83.3

(2)分析如图 11-6 所示的 2022 年北京冬奥会的开幕式的一段英文,求这段文字中出现次数最多的字母。

图 11-6 2022 年冬奥会的开幕式英文节选

运行结果如下:

e

11.10 问题解答

【问题 11-1】 没有,函数可以降低编程难度。

【问题 11-2】 输出的结果是:'9',因为 input( ) 函数得到字符串即 '1230,8,79' 即 '1','2','3','0',',' ……'9',找字符串的最大值 '9',比较它们的 ASCII 码数值, ',' 对应 44, '9' 对应 57,最大的是 '9'。

【问题 11-3】 逗号是英文的,如果不小心输入中文的逗号,程序会报错。

【问题 11-4】 因为 sum( ) 函数的参数是一个可迭代对象,不能是基本数据。

【问题 11-5】 如果用 round(total) 代替 round(total,1),输出结果会是:

总计: 6.49,

四舍五入后总计: 6,

找零: 14,因为 round(total) 不保留小数部分。

【问题 11-6】 宽度也变宽了，实现方式：宽用 pensize( ) 函数，长度是 length，宽度是 length/10，这样，通过同一变量 length 改变金箍棒的长和宽。

【问题 11-7】 pow('abc',3) 会出错。

【问题 11-8】 通过语句 len(str(pow(2,1000))) 可以得到 302 位。

11.11　第 11 单元习题答案

1. A　2. D　3. C　4. D　5. A　6. C　7. D　8. C　9. A　10. D

本单元资源下载：

1. 标准编号

T/CERACU/AFCEC/SIA/CNYPA 100.2—2019

2. 范围

本标准规定了青少年编程能力等级，本部分为本标准的第 2 部分。

本部分规定了青少年编程能力等级（Python 编程）及其相关能力要求，并根据等级设定及能力要求给出了测评方法。

本标准本部分适用于各级各类教育、考试、出版等机构开展以青少年编程能力教学、培训及考核为内容的业务活动。

3. 规范性引用文件

下列文件对于本文件应用必不可少。凡是注日期的引用文件，仅注日期的版本适用于本文件。凡是不注日期的引用文件，其最新版本（包括所有的修改单）适用于本文件。

GB/T 29802—2013《信息技术　学习、教育和培训　测试试题信息模型》。

4. 术语和定义

4.1 Python 语言（Python Language）

由 Guido van Rossum 创造的通用、脚本编程语言，本部分采用 3.5 及之后的 Python 语言版本，不限定具体版本号。

4.2 青少年（Adolescent）

年龄在 10~18 岁的个体，此"青少年"约定仅适用于本部分。

4.3 青少年编程能力 Python 语言（Python Programming Ability for Adolescents）

"青少年编程能力等级第 2 部分：Python 编程"的简称。

4.4 程序（Program）

由 Python 语言构成并能够由计算机执行的程序代码。

4.5 语法（Grammar）

Python 语言所规定的、符合其语言规范的元素和结构。

4.6 语句式程序（Statement Type Program）

由 Python 语句构成的程序代码，以不包含函数、类、模块等语法元素为特征。

4.7 模块式程序（Modular Program）

由 Python 语句、函数、类、模块等元素构成的程序代码，以包含 Python 函数或类或模块的定义和使用为特征。

4.8 IDLE

Python 语言官方网站（https://www.python.org）所提供的简易 Python 编辑器和运行调试环境。

4.9 了解（Know）

对知识、概念或操作有基本的认知，能够记忆和复述所学的知识，能够区分不同概念之间的差别或者复现相关的操作。

4.10 理解（Understand）

与了解（3.9 节）含义相同，此"理解"约定仅适用于本部分。

4.11 掌握（Master）

能够理解事物背后的机制和原理，能够把所学的知识和技能正确地迁移到类似的场景中，以解决类似的问题。

5. 青少年编程能力 Python 语言概述

本部分面向青少年计算思维和逻辑思维培养而设计，以编程能力为核心培养目标，语法限于 Python 语言。本部分所定义的编程能力划分为 4 个等级。每级分别规定相应的能力目标、学业适应性要求、核心知识点及所对应能力要求。依据本部分进行的编程能力培训、测试和认证，均应采用 Python 语言。

5.1 总体设计原则

青少年编程等级 Python 语言面向青少年设计，区别于专业技能培养，采用如下 4 个基本设计原则。

（1）基本能力原则：以基本编程能力为目标，不涉及精深的专业知识，不以培养专业能力为导向，适当增加计算机学科背景内容。

（2）心理适应原则：参考发展心理学的基本理念，以儿童认知的形式运算阶段为主要对应期，符合青少年身心发展的连续性、阶段性及整体性规律。

（3）学业适应原则：基本适应青少年学业知识体系，与数学、语文、外语等科目衔接，不引入大学层次课程内容体系。

（4）法律适应原则：符合《中华人民共和国未成年人保护法》的规定，尊重、关心、爱护未成年人。

5.2 能力等级总体描述

青少年编程能力 Python 语言共包括 4 个等级，以编程思维能力为依据进行划分，等级名称、能力目标和等级划分说明如表 A-1 所示。

表 A-1　青少年编程能力 Python 语言的等级划分

等　　级	能力目标	等级划分说明
Python 一级	基本编程思维	具备以编程逻辑为目标的基本编程能力
Python 二级	模块编程思维	具备以函数、模块和类等形式抽象为目标的基本编程能力
Python 三级	基本数据思维	具备以数据理解、表达和简单运算为目标的基本编程能力
Python 四级	基本算法思维	具备以常见、常用且典型算法为目标的基本编程能力

补充说明：Python 一级包括对函数和模块的使用，例如，对标准函数和标准库的使用，但不包括函数和模块的定义。Python 二级包括对函数和模块的定义。

青少年编程能力 Python 语言各级别代码量要求如表 A-2 所示。

表 A-2　青少年编程能力 Python 语言的代码量要求

等　　级	能力目标	代码量要求说明
Python 一级	基本编程思维	能够编写不少于 20 行 Python 程序
Python 二级	模块编程思维	能够编写不少于 50 行 Python 程序
Python 三级	基本数据思维	能够编写不少于 100 行 Python 程序
Python 四级	基本算法思维	能够编写不少于 100 行 Python 程序，掌握 10 类算法

补充说明：这里的代码量指解决特定计算问题而编写单一程序的行数。各级别代码量要求建立在对应级别知识点内容基础上。程序代码量作为能力达成度的必要但非充分条件。

6. "Python 一级"的详细说明

6.1 能力目标及适用性要求

Python 一级以基本编程思维为能力目标,具体包括如下 4 方面。

(1)基本阅读能力:能够阅读简单的语句式程序,了解程序运行过程,预测运行结果。

(2)基本编程能力:能够编写简单的语句式程序,正确运行程序。

(3)基本应用能力:能够采用语句式程序解决简单的应用问题。

(4)基本工具能力:能够使用 IDLE 等展示 Python 代码的编程工具完成程序编写和运行。

Python 一级与青少年学业存在如下适用性要求。

(1)阅读能力要求:认识汉字并阅读简单中文内容,熟练识别英文字母、了解并记忆少量英文单词,识别时间的简单表示。

(2)算术能力要求:掌握自然数和小数的概念及四则运算方法,理解基本推理逻辑,了解角度、简单图形等基本几何概念。

(3)操作能力要求:熟练操作无键盘平板计算机或有键盘普通计算机,基本掌握鼠标的使用。

6.2 核心知识点说明

Python 一级包含 12 个核心知识点,如表 A-3 所示,知识点排序不分先后。

表 A-3 青少年编程能力"Python 一级"核心知识点说明及能力要求

序号	知识点名称	知识点说明	能力要求
1	程序基本编写方法	以 IPO 为主的程序编写方法	掌握"输入、处理、输出"程序编写方法,能够辨识各环节,具备理解程序的基本能力
2	Python 基本语法元素	缩进、注释、变量、命名和保留字等基本语法	掌握并熟练使用基本语法元素编写简单程序,具备利用基本语法元素进行问题表达的能力
3	数字类型	整数类型、浮点数类型、真假无值及其相关操作	掌握并熟练编写带有数字类型的程序,具备解决数字运算基本问题的能力
4	字符串类型	字符串类型及其相关操作	掌握并熟练编写带有字符串类型的程序,具备解决字符串处理基本问题的能力
5	列表类型	列表类型及其相关操作	掌握并熟练编写带有列表类型的程序,具备解决一组数据处理基本问题的能力
6	类型转换	数字类型、字符串类型、列表类型之间的转换操作	理解类型的概念及类型转换的方法,具备表达程序类型与用户数据间对应关系的能力

续表

序号	知识点名称	知识点说明	能力要求
7	分支结构	if、if-else、if-elif-else 等构成的分支结构	掌握并熟练编写带有分支结构的程序，具备利用分支结构解决实际问题的能力
8	循环结构	for、while、continue 和 break 等构成的循环结构	掌握并熟练编写带有循环结构的程序，具备利用循环结构解决实际问题的能力
9	异常处理	try-except 构成的异常处理方法	掌握并熟练编写带有异常处理能力的程序，具备解决程序基本异常问题的能力
10	函数使用及标准函数 A	函数使用方法，10 个左右 Python 标准函数（见本附录附表）	掌握并熟练使用基本输入输出和简单运算为主的标准函数，具备运用基本标准函数的能力
11	Python 标准库入门	基本的 turtle 库功能，基本的程序绘图方法	掌握并熟练使用 turtle 库的主要功能，具备通过程序绘制图形的基本能力
12	Python 开发环境使用	Python 开发环境使用，不限于 IDLE	熟练使用某一种 Python 开发环境，具备使用 Python 开发环境编写程序的能力

6.3 核心知识点能力要求

Python 一级 12 个核心知识点对应的能力要求如表 A-3 所示。

6.4 标准符合性规定

Python 一级的符合性评测需要包含对 Python 一级各知识点的评测，知识点宏观覆盖度要达到 100%。根据标准符合性评测的具体情况，给出基本符合、符合、深度符合 3 种认定结论。基本符合指每个知识点提供不少于 5 个具体知识内容，符合指每个知识点提供不少于 8 个具体知识内容，深度符合指每个知识点提供不少于 12 个具体知识内容。具体知识内容要与知识点实质相关。

用于交换和共享的青少年编程能力等级测试及试题应符合 GB/T 29802—2013 的规定。

6.5 能力测试要求

与 Python 一级相关的能力测试在标准符合性规定的基础上应明确考试形式和考试环境，考试要求如表 A-4 所示。

表 A-4　青少年编程能力"Python 一级"能力测试的考试要求

内容	描述
考试形式	理论考试与编程相结合
考试环境	支持 Python 程序的编写和运行环境，不限于单机版或 Web 网络版
考试内容	满足标准符合性（5.4 节）规定

表 B-1 标准范围内的 Python 标准函数列表

函　　数	描　　述	级　　别
input([x])	从控制台获得用户输入，并返回一个字符串	Python一级
print(x)	将 x 字符串在控制台打印输出	Python一级
pow(x,y)	x 的 y 次幂，与 x**y 相同	Python一级
round(x[,n])	对 x 四舍五入，保留 n 位小数	Python一级
max(x1,x2,…,xn)	返回 x1,x2,…,xn 的最大值，n 没有限定	Python一级
min(x1,x2,…,xn)	返回 x1,x2,…,xn 的最小值，n 没有限定	Python一级
sum(x1,x2,…,xn)	返回参数 x1,x2,…,xn 的算术和	Python一级
len()	返回对象（字符、列表、元组等）长度或项目个数	Python一级
range(x)	返回的是一个可迭代对象（类型是对象）	Python一级
eval(x)	执行一个字符串表达式 x，并返回表达式的值	Python一级
int(x)	将 x 转换为整数，x 可以是浮点数或字符串	Python一级
float(x)	将 x 转换为浮点数，x 可以是整数或字符串	Python一级
str(x)	将 x 转换为字符串	Python一级
list(x)	将 x 转换为列表	Python一级